專案管理
革命

How to Succeed in a Project Driven World

THE PROJECT
REVOLUTION

安東尼奧・尼托―羅德里格茲
Antonio Nieto-Rodriguez｜著　李芳齡｜譯

# 目 錄 contents

致　謝     005

第一章　**歡迎來到專案世界**     007

從工作到生活，從企業到政府部門，從
個人到國家，專案是全新的現實世界。
歡迎來到專案革命時代！

第二章　**我的專案人生**     031

我們用專案衡量一生，那麼在我的全球
專案生涯中，我又學到什麼呢？

第三章　**那什麼是專案？**     053

永遠要先界定專案涉及的事項。意圖乃
是成就的根源。

第四章　**正確執行專案**     071

專案經常失敗，有時甚至一敗塗地。那
麼，最常見的絆腳石是什麼，該如何避
開它們？

第五章　**專案規劃圖**     089

介紹專案規劃圖，探討專案的成功要素。

# THE PROJECT REVOLUTION

第六章　　　**成功的專案有哪些特色？**　　173
透過專案規劃圖了解改變世界的傑出
專案。

第七章　　　**專案型組織**　　219
專案導向經濟裡的組織：治理、設計與
其他因素。

第八章　　　**在專案的世界脫穎而出**　　253
專案管理革命能讓具備前瞻思維的組
織，快速創新改革現在的商業模式。

第九章　　　**專案革命宣言**　　305
要實現專案革命，需要什麼條件？

注　釋　　309
**各界好評推薦**　　330

# 致謝

撰寫一本書，是一項非常複雜的專案。收到第一本成書時，我感到非常滿足，但寫書過程是長達數月、有時長達多年的艱辛馬拉松。當截稿日期快速逼近，但我仍然有很多頁等待完成時，壓力自然會升高，如果截止日是世界盃足球賽結束後不久的炎炎夏日，考驗可就更大了。

沒有來自家人的支持，不可能完成這些奮鬥，我要感謝老婆 Clarisse，孩子 Laura、Alexander、Selma、Lucas，父母 Maria Jose 和 Juan Antonio，兄弟 Javi、Iñaki、Jose Miguel。

感謝 Stuart 和 Des 提供的建議，以及出版公司 LID Publishing 團隊對我和這本書的信任。感謝所有分享故事與支持這本書的人，我很榮幸有世界級專家認同這本書。

最後，我想把這本書獻給無數的專案經理，他們的努力與奮鬥使這世界變得更美好，但他們的貢獻往往不為人知。

# 第 一 章

# 歡迎來到
# 專案世界

THE PROJECT
REVOLUTION

從工作到生活，從企業到政
府部門，從個人到國家，專
案是全新的現實世界。歡迎
來到專案革命時代！

# 2010/8/5（四）14:00，智利阿塔卡馬沙漠 [1]

在一陣巨大的爆炸聲，大地劇烈震動，地底深處的聖荷西礦場（San Jose Mine）應聲坍塌。這場災難很恐怖，但並不讓人意外，在這次意外前的十幾年來，這座位處地質不穩定的老礦坑已經導致多起死亡事故。巨大的岩石塌落把礦坑的出入口堵住，一群離入口不遠的礦工幸運逃了出來，但有 33 名礦工被困在 700 公尺深的地底，他們離入口有五公里遠，救難人員無法和他們取得聯繫。

20 分鐘後，智利礦業部長勞倫斯・高柏恩（Laurence Golborne）打電話給正在哥倫比亞訪問的智利總統塞瓦斯提安・皮涅拉（Sebastián Piñera），告知這起不幸事故。這場災難發生不久前，智利政府才因為 2010 年 2 月的地震與海嘯救災處理不當，飽受嚴厲抨擊，那場地震及海嘯奪走超過 500 條人命。皮涅拉總統決定中斷行程，立刻回國前往礦坑現場。2010 年 8 月 7 日，130 名救難人員已經不眠不休努力兩天，皮涅拉總統也抵達礦坑南方 45 公里遠的地方首府科皮亞波。他和當地官員會面，評估救災情況，還聽到最新的難題：岩石二次坍塌，把搜尋受困礦工唯一的通道堵住。經過

兩天的搜尋，仍然不清楚那 33 名礦工是否存活，總統
得知找到這些礦工的機會非常渺茫。很不幸，礦坑意外
往往會造成傷亡。

　　皮涅拉總統知道，他必須做出一項重大決策，這項
決策很有可能會讓他下台。他該不該建立專案來搜救這
些礦工呢？找到他們的機率非常小，他們還存活的機率
又更小，而且，搜救任務非常危險，可能造成更多人喪
命。他是否應該接受成功機會渺茫的現實，期望智利人
民快速忘記這場悲劇？這場又一次的悲劇！

## 2010/8/7（六）15:00，澳洲伯斯

　　就在皮涅拉總統為了可能改變政治生涯的重大決策
天人交戰時，在另一個半球，一個風和日麗的午後，
瑪麗・史密斯（Mary Smith）和麥特・瓊斯（Matt
Jones）結婚，在一座面海的小教堂裡向對方說：「我願
意。」瑪麗的母親喜極而泣，開心看著身穿白紗的美麗
女兒實現夢想，雙方親友鼓掌持續兩分鐘，慶祝姻緣締
結的這一刻。接下來，大家將前往伯斯灣邊的高級餐廳
聖雅克（Saint Jacques）舉行婚宴。

　　瑪麗和麥特把結婚日期訂在 2010 年 8 月 7 日，這是麥特向瑪麗求婚的 18 個月後。每個朋友都知道他們不善於長期規劃，而且對這樣的事情也完全不感興趣。只要有截止日期的事情，向來都會拖延以對，也從來不事先計畫。他們的決定大多是隨興的，往往在最後一刻改變心意。但是，這一次，不知出現什麼奇蹟，他們如期完婚，成功舉行婚禮。

　　瑪麗和麥特快樂的做出結婚的決定之後，開始尋找最適當的日期，他們決定輕鬆面對，不給自己太大的壓力。2010 年 8 月，麥特求婚 18 個月後似乎是個不錯的時機，有足夠的時間準備夢想中的婚禮：特別、又不過度鋪張。尋找結婚場地很容易，因為瑪麗已經有想法，她想在父母結婚的地方舉行婚禮。接著他們挑餐廳，選了麥特相當喜歡的餐廳，查看餐廳有空檔的日期後，最後定下 8 月 7 日。接下來，他們邊喝咖啡邊考量成功的婚禮需要哪些活動，兩人決定分工合作，分配各自負責的事項，再加上每個事項的預估完成日。他們從結婚日期往回推，把各項必要活動安排到時程表上，就這樣，他們完成兩人有史以來第一項專案計畫。（他們的朋友認為，這可能也是他們的最後一項專案計畫！）

　　當然，瑪麗和麥特對這項專案非常興奮，這是個重大決定，而且是他們共同做出的重大決定和選擇。他們天天討論結婚計畫的進度、做出決定，在有需要時調整活動細節。他們也尋求其他人的協助，請麥特的姊姊和瑪麗的密友提供意見，這兩個人都剛結婚。隨著重要日子愈來愈接近，他們的壓力升高，甚至大到夢見在婚禮上遲到。他們以前從沒感受過這麼大的壓力，同時也發現這樣的壓力幫助他們聚焦在補足疏漏的地方。這項專案非常成功，連他們都不確定怎麼會如此順利，一切都按照計畫進行，婚禮氣氛非常融洽，讓人難忘。所有人都很喜歡這場典禮和精緻溫馨的饗宴，舞會持續到隔天清晨四點。這是美好的一天，瓊斯夫婦永遠難以忘懷。

## 2010/8/7（六）8:00，德國柏林

　　有三個人聚在柏林市中心南方約 18 公里施內費爾德（Schönefeld）的一處工地，評估新建的柏林布蘭登堡機場（Berlin Brandenburg Airport）的工期和成本。動工後四年來，興建費用高達原先預估的兩倍，成本顯然遭到低估，機場占地面積明顯擴大不少，而且還找出

很多工程疏漏。這些狀況影響這項專案的品質和時程，原訂目標是要在 2011 年 10 月 30 日開始營運，現在看起來非常不切實際。這項柏林布蘭登堡機場專案的領導人約爾格‧馬克斯（Jörg Marks）摘下安全帽，坐下來和兩位同事一起再次檢視時程表，他們再次在週六早上工作。

新機場專案的遠景頗具說服力，過去如此，現在依舊如此。興建柏林布蘭登堡機場的主要目標是要讓它成為德國最繁忙的機場，預估每年處理的客運量為 4500 萬人。這座新機場將取代柏林的施內費爾德與泰格爾機場，成為服務柏林及布蘭登堡州周邊的單一商用機場。

柏林布蘭登堡機場的專案計畫周詳，機場的可行性評估與事前規劃階段耗時約 15 年，2006 年動工，預期花五年時間興建。但是在興建期間漸漸可以看出，因為事前規劃的估計失當，加上對原先設計做出重要修改，新機場的面積明顯比原先規畫大很多。更改預先的規劃面積對成本及工期造成的一個顯著影響是，動工後，這項專案計畫的重要利害關係人、機場管理公司總經理萊納‧施瓦茲（Rainer Schwarz），趁著預估客運量增加的機會，要求建築師把北邊及南邊的「碼頭」納入主航站，使主航站從原先規劃的矩形變成 U 形，大大增加占地面積。[2] 後來，施瓦茲帶著把新機場變成一座豪華購物商場的憧憬，又要求在原計畫中加入二樓商店、精品店，以及美食廣場區。

2010 年 8 月早上，馬克斯和同事承受施瓦茲和柏林市長、柏林布蘭登堡機場專案主辦人暨監督委員會主席克勞斯・沃韋萊特（Klaus Wowereit）的巨大壓力，在要求不得延遲啟用下坐下來檢視整個專案。施瓦茲和沃韋萊特不願承認目前存在的問題。但是馬克斯決定公開這些問題，並提議把啟用日延遲至 2012 年 6 月 3 日。

翌日，在擠滿政府官員和記者的記者會會場上，施瓦茲一臉嚴肅，與包括沃韋萊特市長在內的四個人一字排開坐在會議桌後，宣布出人意外的消息：新機場將無法如期啟用。

這只不過是之後一連串災難的前奏，截至本書撰寫之際，災難還沒結束。2018 年末，原訂啟用日（2011 年 10 月 30 日）八年之後，一度標榜「歐洲最現代化機場」的柏林布蘭登堡威利布蘭特國際機場（Berlin Brandenburg International Willy Brandt Airport）[3] 還未竣工。最新承諾的啟用日是 2020 年，總預估成本為 79 億歐元，

比核准通過的 54 億歐元高出近 50％。這已經演變成一
項 79 億歐元的尷尬專案，還加上另外兩項惡名昭彰的
失敗專案，包括超出預算的 20 億歐元「斯圖加特 21」
火車站工程，以及漢堡市造價 8.65 億歐元的音樂廳，汙
辱德國秩序、效率以及工程卓越的聲名。


## 2010/8/7（六）15:00，智利阿塔卡馬沙漠

　　回到智利科皮亞波市，皮涅拉總統在聽取搜救隊說
明，了解到搜尋受困礦工的困難之後，來到聖荷西礦場
巡視。他即將做出一項可能會有顯著後果的決定，他要
求新聞處長在一小時後安排一場記者會。在南美洲最偏
遠的地區，工作人員架起高科技通訊器材，媒體記者已
經聚集在這裡。皮涅拉總統知道全國都會關注這場記者
會，他提到，他和智利政府決定搜救 33 名受困礦工，
並提供搜救隊需要的工具和資源，盡全力營救受困的礦
工。雖然，他對於是否會有好消息抱持著強烈的懷疑，
但身為總統，他認為他的職責是要挽救人命。

　　當天稍晚，皮涅拉致電智利最優秀的礦業工程師安
德魯・蘇加瑞（Andre Sougarret），說服他擔任搜救行

動的領導人。700 名工作人員被派往聖荷西礦場，駐紮在名為「希望營地」（Esperanza）的基地營。這項專案還有個空前的決策：礦業部長勞倫斯・高柏恩將代表總統駐守在基地營，全天候擔任行動指揮官。受困礦工的家屬現在十分焦急，想知道心愛家人的消息，最初的搜救行動並不理想，高柏恩承諾會讓營救行動完全公開透明，每隔兩小時向家屬報告最新進展。

　　儘管搜救工作一開始並不順利，搜救隊和礦工們依然精神抖擞，所有人都盡全力要達成相同的目標。如果使用傳統的礦坑探勘技術，得花 12 個月才能找到受困礦工，這個方法當然不必考慮。不過，智利全國舉國都努力幫助搜救行動，這可以從下面這個例子看出來：智利國營石油公司（Empresa Nacional del Petróleo）提供辨識油井的先進音波探測技術，幫助找到受困礦工的所在位置。

　　接下來 17 天，媒體及一些專家嚴詞批評搜救工作、搜尋地點與使用的搜救技術。加上一些家屬想要進入礦坑，壓力逐漸攀升。一旦出錯，來自政治與批判觀點的代價將相當巨大。

　　8 月 22 日星期天早上五點，專案工程師（lead

engineer）喚醒高柏恩，告知搜救隊已經突破至礦坑裡的一個避難區。他們還不確定受困礦工是否活著，但相信已經找到受困礦工的位置。當一台鑽孔機抽出地面時，他們看到器材上貼了一張紙條，上面寫著：「我們33人全都沒事，在避難所。」

事故發生後70天，2010年10月13日星期三子夜剛過幾分鐘，第一名獲救的礦工弗羅倫西奧・阿瓦洛斯（Florencio Ávalos）搭乘美國太空總署協助開發的「鳳凰號」救生艙，從地底700公尺深處回到地面上。接下來，在皮涅拉總統、高柏恩部長、以及所有家屬的期待與觀望下，以大約一小時營救一個人的速度，33名礦工全部安全獲救。

截至目前為止，這是礦業史上規模最大、最成功的救援行動。這次事件也獲得破紀錄的媒體報導量，大約有十億人觀看，僅次於2009年麥可傑克森（Michael Jackson）喪禮的觀眾數量。

令人難以置信的智利礦工成功救援、瑪麗與麥特的難忘婚禮、充滿災難且有待觀察的柏林機場工程，這三項專案都發生在同個時間。它們性質迥異，但結果大不相同，其中兩項專案極為成功，另一項專案則是持續多年的夢魘。

它們證明個人及組織專案的力量：專案可以救命，可以改善生活，可以改變世界的面貌。

## 無聲的顛覆

在試著更加了解專案成敗原因的探索過程中，我發現一些驚人成就。

舉例而言，盧安達在歷經近代人類史上最可怕的種族屠殺事件之後，勇敢的領導人保羅・卡加梅總統（Paul Kagame）決定透過盧安達重建計畫與和解行動來改變這個國家的命運。20 年後，高達 92％的盧安達人覺得各種族間已經重修舊好。[4] 當年遭到內戰和種族大屠殺踐踏，變得殘破不堪的這個國家，現在已經成為非洲最進步的國家之一，也是世界上女性議員占比最高（56％）的國家之一。

或者，看看新加坡的發展。1961 年時，它是貧窮的前英國貿易殖民地；現在則是舉世最具競爭力的經濟體。總理李光耀[5] 的願景是建立一個經濟穩健的國家，並為未來世代帶來繁榮。他推動的專案包括建立法治與

17

有效率的政府架構，持續反貪腐並推動政府穩定。計畫的基石是推行高水準的公立教育制度（李光耀政府相當英明，他們認為人力資本是新加坡的關鍵競爭優勢），並配合嚴格的精英制度。新加坡被視為世界上最審慎規劃的城市之一。

再看看杜拜，從一個沙漠中的小漁村，發展成繁榮且現代的城市。還可以看看丹麥小城奧登斯（Odense），透過宏大的發展專案，轉變成歐洲最創新的機器人產業中心之一。或是看看巴西的綠色城市庫里奇巴市（Curitiba），這是拉丁美洲最環保、永續的城市之一。

還有，2002 年正式成為法定貨幣的歐元，或是瑞典決定在 1967 年 9 月 3 日晚上，將過往靠左行走的交通轉變為靠右行走，這些全都靠專案而得以實現。

有些最棒的科技成就，本質上都是傑出的專案成果：甘迺迪總統提出在 1960 年代結束前登陸月球的願景；波音 777 是航空業的科技傑作；2006 年推出的「紫色計畫」（Project Purple）打造出第一款智慧型手機 iPhone，改變整個電信產業。

最後，還有許多了不起的個人專案也很重要。例如在極為不利的情況下達成的成就，或是透過專案實現個人夢想。

這些並不是什麼新鮮事，專案永不過時，而且很普遍，埃及的金字塔工程、行動城市的推展、馬歇爾計畫、阿波羅太空計畫、歐洲的創立，這些成就全都是透過各種專案，把理想化為實現的結果。專案是引擎，推動人類文明中許多重大的成就，它促進社會進步，超越存在已久的科學及文化限制。

專案改變世界，讓不可能達成的夢想成真。

行為與社會科學也顯示，某些工作與合作的方法，特別能夠激勵、鼓舞從事專案的人們。例如，專案應該有宏大目標、更高的宗旨、明確的截止日期。你大概已經注意到，在大家的職業生涯中，記得最清楚的事情都是曾經做過的專案，而且通常是成功的專案，但也有些是失敗的專案。

最近一項研究預估，從事專案計畫型工作的人數將從 2017 年的 6600 萬人增加到 2027 年的 8800 萬人；全球專案型計畫創造的經濟活動價值，將從 2013 年的 12 兆美元增加到 2027 年的 20 兆美元。[6] 數百萬項專案每年需要數百萬名專案經理人。

專案持續在發展，圖表 1-1 呈現這項龐大、但未被

圖 1-1 「專案」是最常出現的商業用語

根據 Google Ngram Viewer，在這一群商管字彙中，專案（Project）這個字出現的次數最多，而且使用頻率有增無減。

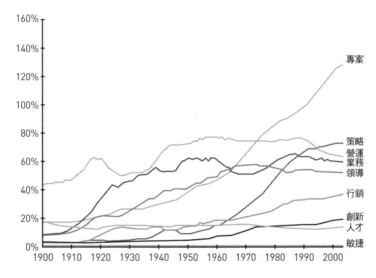

注意到的顛覆行動。這張圖表源於一項研究，使用 Google Ngram Viewer[7] 為研究工具，圖中顯示 1900 年至 2000 年間的大量印刷文本中，出現「專案」（project）這個字的次數，與其他常見的商業用語，例如「策略」（strategy）、「營運」（operations）、「行銷」（sales）、「領導」（leadership）、「創新」（innovation）、「人才」（talent）出現的次數比較。這就是為什麼我會用「專案革命」來形容這個現象。

　　這樣無聲的顛覆不僅影響組織，也影響工作的性質，以及我們的職業生涯。以往各世代的整個職業生涯多半在同一家公司從一而終已經是遙遠的過去式；現在，人們在職業生涯中多次更換工作與雇主，不只變得更快樂，而且還有收穫。我想像這種趨勢將更盛行，而且，職業生涯將變成由一堆專案計畫構成。另一個值得注意的相關趨勢是自由業的普及，根據人力資源顧問公司職場石英（Quartz at Work）的研究預估，到了 2020年，從事自由業的美國人可能增加至三倍。[8] 這些人實際上是在管理、執行一堆專案計畫。

## 這是一場全球革命

　　你看得愈多，就會發現更多專案。我的辦公桌上就有大量的例子。例如，美國國會在 2016 年 12 月無異議通過《計畫管理改進與當責法》（Program Management Improvement and Accountability Act，簡稱 PMIAA）[9]，以促進美國聯邦政府的專案與計畫的當責性與最佳實務。這項法案促使美國聯邦政府的專案與計畫管理政策，達成以下四方面的重要改革：

- 為聯邦政府的計畫與專案經理人，建立制式的職務與職業生涯發展。
- 制定政策規範與準則，以適用整個聯邦政府的計畫與專案管理。
- 認知到專案發起人制度（executive sponsorship）的重要性，並了解指派聯邦機構中一名高階主管負責計畫與專案管理政策及策略的重要。
- 透過跨部門的計畫與專案管理委員會促進交流，並分享成功方法。

在英國，專案管理協會（Association for Project Management）於 2017 年 1 月 6 日獲頒皇家特許狀（Royal Charter）[10]，彰顯專案管理發展的顯著成就，對正在從事與想要加入這個領域的人來說具有正面含義。皇家特許狀肯定專案管理這門專業，獎勵專案管理學會宣導理想與提供機會給採行學會規範的組織與人員。

我也在一場研討會上聽到 IBM 的人才管理高階主管說：「在 IBM，我們很快將不再有職務說明，只有專案工作說明。」聽起來真是個不錯的發展！

採行這種做法的不是只有 IBM。理查茲集團（The Richards Group）是美國最大的獨立廣告商，每年開出的發票金額有 12.8 億美元，營收 1.7 億美元，員工數超過 650 人。創辦人暨執行長史丹・理查茲（Stand Richards）排除幾乎所有管理層級和職務的頭銜，只留下「專案經理」的職稱。[11]

再看另一個例子，2016 年，Nike 公司為歐洲總部開出一個職缺，職務說明是：歐洲、中東與非洲地區的公司策略與發展經理。傳統上，這樣的職務需要擁有策略規劃、市場分析與競爭情報等職能，但令我驚訝的是，Nike 公司把職務描述為「專案管理」，這代表他們想尋找一個能夠為策略職務執行跨界（跨部門、事業單位、產品線）及策略性專案的人才。這顯然是企業發展焦點與文化的一項轉變：從規劃及日常活動轉向執行專案。不只是 Nike 這樣做，我看到優比速（UPS）、Amazon 與其他公司在策略性職務上也有類似的職務說明。

# 現在，我們都是改革人士

專案已經成為這個時代的經濟引擎，這種發展無聲無息，卻是強大的顛覆，不僅影響組織的運作管理方式，我們的每個生活層面也將變成一項專案。主要的含義包括以下幾個面向，這些也是本書要探討的主題：

- **教育：**幾世紀以來，人們靠著記憶大量的書籍與文書資料來學習；現在，先進的教育制度從學童小時候就開始應用教學專案的概念。透過專案應用理論和實驗已經被證實是更好的學習方法，這種學習方法將很快的變成典範。**這對教學方法和提供教育的組織有何含義？**

- **職業生涯：**不久以前，人們的職業生涯都在單一組織裡，整個 20 世紀，多數人一生只為一家公司工作。現在，我們可能為幾家公司工作，將來，我們很可能變成自由工作者，主要執行專案。看待這種職業生涯的最佳方式，是把職業生涯視為一堆專案，我們把先前的工作、公司與產業中學到的東西拿來應用，同時也為下一份工作而自我發展，但我們通常事先並不知道這點。**專**

案型的職業生涯對雇主及員工有何含義？

- **企業治理：**董事會對組織創造價值的活動與長期成功影響重大，在現今混亂多變的時代，提供發展方向與工作的優先順序是董事會的重要職能。當組織執行太多策略性專案，而沒有來自上級的工作優先順序指示時，工作會過度分散，團隊將爭搶資源，投入特定專案的努力變得不受重視，多數專案無法符合原先的成本、時間與估計效益。董事如果忽視對這些事的職責，將成為企業治理的一大弱點，可能對公司的經營帶來嚴重後果，摧毀大量價值，往往把公司帶到崩潰邊緣。

組織該如何改造與治理，才能讓專案創造的價值與影響達到最大？

- **民主制度：**全球政治體制目前出現的危機，已經促使學者與其他有識之士提議一些治理國家的新方法，最具革命性的一項實驗發生在愛爾蘭。愛爾蘭政府於 2012 年召開制憲會議，研議一些可能的憲法改革，包括是否要改變選舉制度或改革國會。這項實驗最新穎的地方在於，每一個主題都要透過一項專案來處理。制憲會議的參與者有三分之一是愛爾蘭國會議員,另外三分之二則是隨機選出的愛爾蘭公民,每項專案還有時間限制。**專案將如何改造與重振民主制度?**

- **經濟理論與繁榮指標:**傳統的經濟發展衡量指標是購買力或人均所得,但實際上衡量發展程度的是幕後的另一項指標:在整個人類史上,社會與個人執行專案的能力是否增強。以前,當世界比較可以預測的時候,我們可以使用源於經濟理論的傳統指標,但現在可預測性降低,那些指標已經不適用。不久的未來,我們可能根據國家或公司執行專案的能力來檢視經濟指標,這可能是更適合衡量經濟與社會力的指標。**經濟學家應該推出怎樣的新專案指標,才能有效衡量經濟發展與繁榮程度?**

我的預測是,到了 2025 年,不論什麼產業或部門,高階領導人與經理人的工作至少會有 60% 的時間花在挑選、排序與驅動專案的執行。我們全都將成為專案的領導人,儘管很多人從未受過這方面的訓練!

在這種情況中,專案將成為變革與創造價值的基本

模式。舉例而言，德國公司有將近 40％的營運與活動是
以專案模式來運作，未來的比重只會增加，不會減少。[12]
其實，多數西方國家和德國的比重類似；在中國與其他
先進的亞洲國家的比重更高，專案是這些經濟體崛起的
要素。[13] 所謂的「零工經濟」（gig economy）也是由專
案驅動，不必懷疑，我們正在目睹專案經濟（project
economy）的興起。

　　好消息是，專案型工作是以人為本的工作，我認
為，專案型工作將增進對勞工的重視。專案不能由機器
執行，而是需要由人類去執行工作，勞工必須對專案的
目的凝聚共識、分工合作、進行互動，並處理好情感層
面，藉此形成高效能的團隊。在專案中，科技當然會扮
演重要角色，科技將使專案的挑選得以改進，藉此提高
成功機會，但科技只是輔助與賦能的工具，不是目標。
專案革命將由人類主導，而不是機器人主導，專案革命
將由你我主導。


## 專案規劃圖

　　本書有個目標是提供一個容易使用的架構，幫助讀

者在這個專案導向的新世界獲得成功。我研究過無數成功或失敗的專案，小至個人的專案（例如裝修房子），大到國家建設（例如盧安達在 1994 年種族大屠殺後的轉型）後，發展出一種簡單的工具，名為「專案規畫圖」（Project Canvas），任何個人、團隊、組織或國家都可以使用。

這個架構涵蓋幾項基本原則，以及人人都應該知道的專案要領，既實用，也易於實行，這是一種有效的工具，能幫助你更成功的領導專案，讓夢想成真。

專案規畫圖涵蓋四個領域，這四個領域又區分為 14 個層面：

- **為何**（**why**）：成功推出與執行專案的**理由**、**預期效益**、**目的與熱情**。
- **誰**（**who**）：確保專案的**當責性**與**治理**，以取得必要的資源並獲得成果。
- **什麼**（**what**）、**如何**（**how**）、**何時**（**when**）：專案的**硬體層面**（定義、設計、計畫、里程碑、成本、風險、採購），以及**軟體層面**（激勵、技巧、利害關係人、變革管理、溝通）。

- **何處（where）**：執行專案的**組織、文化、優先順序**與**背景脈絡**（內部與外部）。

第五章將詳述這些領域及層面。

希望各位能愉快的閱讀這本書，並學到很多東西。

# 第二章

# 我的專案人生

THE PROJECT
REVOLUTION

我們用專案衡量一生,那麼
在我的全球專案生涯中,我
又學到什麼呢?

　　過去 25 年，我研究、領導並執行專案，歷經無數起落、不斷試驗、從懷疑到深信不疑、一開始出錯，但偶爾有完美的結果。

　　我的職業生涯是從全球資訊科技業者優利系統公司（Unisys）開始，我在那裡擔任打單分析員，天天做一堆例行工作：處理客戶訂單，確保客戶要求的主機型電腦由特定廠商生產，並監督運送過程。工作六個月後，公司要我參與一項策略專案：建置一個歐洲、中東與非洲的共享服務中心（shared service center）。這項專案的目的，是把所有後勤辦公室和行政活動整合到單一中心：阿姆斯特丹，藉此降低成本，改善服務品質。我的主管告訴我，讓我參與這專案唯一的前提是：「你必須在打單工作外的時間執行這項專案。」

　　我很快就厭倦打單工作，愛上這份專案工作，尤其是它要挑戰的難題：創造一些能帶給公司很多好處的新東西。但是，我很快就了解到有個問題：主管要我先處理例行工作。看到專案工作一再延遲、時程一再延後，讓我感覺很沮喪，共享服務中心專案已經延後超過一年還沒有執行，但似乎不被當回事。

　　這是我學到寶貴的第一課：**當例行工作和專案工作**

之間必須作出取捨時，**第一優先的總是例行工作。**我花了許多年才了解「為什麼」會分成這兩類工作，以及這兩個工作間的分歧（或抵觸），後來我稱這是「經營既有業務」（running the business）與「改變業務」（changing the business）的對抗，並且在《專注的組織》（*The Focused Organization*）裡詳細探討這些概念[14]，學界把這個概念稱為「組織的雙元能力」（organizational ambidexterity）[15]。

## 進入會計師事務所

　　兩年後，我離開優利系統公司，進入普華會計師事務所（Price Waterhouse）擔任顧問。到職兩天後，我被派去參與當時公司最大的顧問服務專案：協助世界上規模最大的一家石油與石化公司實行企業資源規劃系統SAP ERP。我很驚訝有這麼多顧問在做一項專案，包括SAP公司的開發人員在內，應該有超過30人。我被派往專案支援單位，負責專案的行政工作，我的第一項工作是催促專案團隊人員填寫工時表，好讓公司向客戶請款。沒有人能在一夕之間成為執行長，我負責的工作顯然是組織階梯上很基層的工作。儘管投入大量資源，團隊人員盡心竭力，也使用定義周詳的專案管理方法，這項專案仍然比原定晚兩年才完成，因為遇到的問題太多了。於是，我學到寶貴的第二課：**IT 與科技專案與其他專案完全不同，傳統的專案管理方法似乎不管用。**

接下來，我參與歐元轉換與因應千禧蟲（Y2K bug）的相關專案。印象最深刻的是，這類專案是高階主管團隊的優先要務，投入相當多內部與外部資源，內部人力以全職的形式執行這些專案，我從未見過這個情況。高階主管團隊高度參與這些專案，不只密切追蹤，還積極投入。這些專案包括縝密的測試和應變策略，與我以往參與的專案大不相同，這些影響力大又複雜的專案全都準時準確的完成了。

在普華當顧問的時候，我經歷四樁大型企業合併案，第一件就是普華會計師事務所和永道會計師事務所（Coopers & Lybrand）合併為普華永道（Pricewaterhouse Coopers，簡稱 PwC），成為全球最大的會計稽核與管理顧問公司。

身為顧問，我其實不太清楚這種合併案的含義。起初看來都很好，高階主管宣傳說這是很棒的行動，對兩

家公司都有益處。但經手過許多企業合併案以後，我了
解到合併案總是有一個輸家和一個贏家。

合併是一種特別的專案，與我以往經手過的專案非
常不同，但在企業界卻是最常見的策略專案。企業合併
會發起數百項專案，目標是整合兩家公司，通常需要成
立一個整合部門，監督所有專案都能成功執行。我很快
就發現，購併專案受到高階主管團隊的高度關注，但他
們的關注大多只在購併案剛宣布的時候。這類專案最特
殊的地方在於，一旦整合專案展開，強大的抗拒也隨之
出現，形成一股強大的阻力，把整合行動推向失敗。結
果，許多購併專案突然受到企業阻撓，而且這種狀況大
多發生於整合階段。根據《哈佛商業評論》和畢馬威會
計師事務所（KPMG）的研究，70～90％的企業合併
案沒有創造出任何價值。[16]

我對普華永道合併案的印象是，這兩家公司的多數
員工並不想合併，也看不出合併的價值，傾向保持現
狀。儘管這項專案被視為成功的合併案，幾年後，員工
仍然在談論美好的舊年代：「普華比永道好太多了，是
真正的全球公司，永道只不過是地方型的小公司。」我
從這件事學到另一堂課：**在專案中，總是有必須處理的**

**人與行為問題，在企業合併的相關專案中，這些問題尤其重要，可能得花許多年才能解決。你不能對這些問題置之不理，它們的力道大到足以摧毀整個專案。**

任職普華永道的最後幾年，我發覺自己對專案工作愈來愈感興趣，我對這個領域更加專注。管理一項專案已經夠複雜了，但很多組織經常同時進行數百項專案，這個領域裡有太多混亂與浪費，改善的空間非常多。我在 2003 年決定詳細研究這個問題，在一位夥伴的支持下，我們展開專案與計畫管理的第一份全球研究。

我的第一個目的是想了解，優良的專案管理實務和成功的專案間是否有關連性，第二個目的是想了解最優秀組織的做法。我們的研究涵蓋 64 個國家，超過 200 家公司，我隨後發表專案管理領域第一份研究報告〈以計畫與專案管理提升事業績效〉（Boosting Business Performance through Programme and Project Management）[17]，確認先前的假設是對的。這份報告受到專案管理領域許多專家讚賞，被認為頗具啟發性，因此我被派任為普華永道的專案與變革管理全球首席專業師。

# 晉升合夥人失敗

在普華永道工作十年後，我成為高階經理，離成為合夥人這個樂土很接近了。合夥公司的組織架構是金字塔形，最底層是眾多顧問，最高層是很少數的高薪合夥人。在這些組織裡，每個人的職業生涯發展都很清楚：達到晉升至下一個層級的標準，否則就得離開。想成為合夥人，你必須有一份事業發展計畫，包含可以發展成事業的構想。如果合夥人相信你提出的構想，能夠每年創造百萬美元以上的營收，他們就會投資，並且提供資源發開這項事業。

我想成為合夥人，我的事業構想很清晰：為普華永道打造專案管理顧問事業。我深信，而且我的研究也顯示，世界上每個組織都需要發展與改善專案推展能力，這項業務的商業效益顯而易見。我向合夥人提出這項構想後，整晚都在聚會慶祝，深信自己必定能成為合夥人。隔天早上 8 點 46 分，普華永道的執行合夥人把我找去，我以為他要告訴我好消息了。我到現在仍然記得他說的話：「安東尼奧，我們很喜歡你的簡報，也看出你的熱情，以及你對這項主題的嫻熟。但是，很遺憾，我們不相信你的構想，我們認為專案是某種戰術，屬於

IT 或工程領域，我們不能進入那個低層次的領域，我們不認為專案能力是個策略。」然後，他接著說：「非常遺憾，安東尼奧，你被解雇了！」

那是 2006 年，也是我的職業生涯轉捩點。我應該轉行做更傳統的工作，例如行銷、銷售、會計、財務或策略嗎？或是應該繼續做我熱衷的專案呢？我心中還浮現另一個大疑問：**聰明、高學歷又經驗豐富的領導人，怎麼會無法理解專案與專案管理的價值？**

經過反覆思考，我決定專注在我的熱情和核心專長，這是我過去十年歷經多項客戶委託的工作與兩項全球性研究專案才發展出來的熱情與專長。

不僅如此，我還決定進行一項個人的探索計畫，我想要分享這些年來我的研究，以及與許多專案經理人交談的經驗：

- 第一，我想了解為何高階主管、商業媒體與學術界，都忽視專案是組織中非常重要的策略要素。
- 第二，我決心改變普遍的思維，把專案與專案管理在組織、政府與學校裡的地位推進至策略層級。這將成為我留下的遺產。

# 富通銀行與荷蘭銀行收購案

幾星期後，我進入富通銀行（Fortis Bank），擔任合併後的整合領導人。富通銀行是比利時的金融公司，積極發展保險、銀行與投資管理業務。我在 2007 年進入富通時，它是全球營收排名第 20 大的銀行[18]，2004 年進入公司掌舵的執行長尚保羅・沃特隆（Jean-Paul Votron）訂下極宏大的計畫，想讓富通成為全球最頂尖的金融公司。

我的職責是專注在專案上，而且是大量的專案。收購公司後，就進入整合階段，我必須研擬整合策略和整合計畫，整合對象包括各個事業單位、客群、地區、員工、組織結構、產品、流程與系統。通常前 100 天是關鍵期，到了第 10 天，絕大多數的重要決策都已經完成。跟過去一樣，我注意到，這些併購專案與其他多數專案的執行非常不同，因為併購專案：

- 被認為具有策略重要性。
- 在高階主管議程表上排在很前面。
- 定義周詳，經過盡職調查（due diligence），並明確估計出成本與效益。

- 獲得大量內部與外部資源。
- 有很多的溝通與宣傳，特別是在簽署併購交易後。
- 有位高權重的管理階層監督與支援整合工作。

2007年末，在執行長企圖創造倍數成長的雄心下，蘇格蘭皇家銀行（Royal Bank of Scotland）和桑坦德銀行（Banco Santander）邀請富通銀行聯手收購荷蘭最大的銀行荷蘭銀行（ABN AMRO）。一旦競標成功，這會是史上最大的銀行收購案，荷蘭銀行的業務將分給這三家銀行，富通銀行會取得荷比盧的零售金融與企業金融業務，以及國際投資公司；但荷蘭銀行的零售金融業務如果要併入富通銀行，必須先取得荷蘭中央銀行（De Nederlandsche Bank）的核准。

這是發展職業生涯千載難逢的機會，也是難以拒絕的專案。儘管這樁購併交易的風險很高，但2007年8月6日在比利時布魯塞爾和荷蘭烏特勒支舉行的富通銀行股東會上，超過90％的股東支持參與收購的提案，這是歐洲史上最大的收購案之一。[19] 富通銀行得為此出資240億歐元（三家銀行總計出資719億歐元），但商業效益很誘人，不僅財務面效益可期，富通銀行將成為歐洲第五大銀行的遠景也令人嚮往。

我的職業生涯首次經歷到這種創造歷史的專案,不僅獨特,也是史無前例。對於我和其他成員而言,身為勝利團隊的一份子大大提振我們的士氣。

簽署收購交易後,公司派我到阿姆斯特丹的荷蘭銀行總部,設立整合部門,開始研擬整合方法、策略與計畫。但是,此時我面臨新的挑戰,那就是文化。荷蘭銀行的主流是荷蘭文化;蘇格蘭皇家銀行的主流是蘇格蘭文化;桑坦德銀行的主流是西班牙文化;富通銀行的主流是比利時文化。此外,每家銀行各自還有強烈的公司文化和民族文化,蘇格蘭皇家銀行總是上行下效、一板一眼;桑坦德銀行專注於自己創造價值;荷蘭銀行的員工認為自己比其他銀行的員工優秀,只是碰到不對的領導人;富通銀行則專注在取得共識,促使大家合作。你可以看出這些差異性,而且除了富通銀行以外,其他三家公司都想當主導者,就連被收購的荷蘭銀行似乎也總是想當掌控者,做重要決策。

在我的職業生涯中,這是時間最緊迫的其中一個專案,我的工作時間很長,從早上七點到晚上十點,而且持續大約一年,但我非常樂在其中,週末結束時,總是很期待返回工作。這是個獨特、具有歷史意義與策略性的專案,而且我從沒有執行過這類專案。派駐在阿姆斯特丹的 100 多名富通銀行同事非常親近、團結,全都競競業業,並且在需要時相互支援,這是我職業生涯中第一次真正屬於高績效團隊的一份子,致力讓夢想成真。

可是,儘管這麼努力,金融危機還是重創富通銀行。2008 年 9 月 26 日星期五下午,就在荷蘭銀行裡,突然有人拿出空箱子要我們打包走人。真是太震驚了!

富通銀行在同個時間冒了太多風險,投資太多策略性專案,導致過度擴張。很少人知道這場金融危機的嚴重程度,我們是從電台與新聞上得知消息:這是失敗**的專案選擇、投資組合管理,以及完全欠缺溝通(也就是缺乏透明度)所帶來的教訓。**

我和同事租了幾輛廂型車,把箱子搬上車,驅車前往阿姆斯特丹市郊的富通銀行荷蘭分公司。公司核准我們回家過週末後還告訴我們,高層將在星期一提供進一步的資訊。你可以想像,在不清楚實際狀況與可能受到的影響下,我們一整個週末人心惶惶。星期一,我們進入富通銀行荷蘭分公司的辦公室繼續工作,彷彿什麼都沒發生,高層會釐清資訊的承諾跳票,更糟的是,到了週五，我們突然又被要求收拾東西回布魯塞爾。比利時政府對富通銀行紓困，富通銀行的荷蘭分公司和荷蘭銀行則是出售給荷蘭政府。這是第二個震撼彈！

比利時國內也處於一片震驚狀態，富通銀行是比利時最大的銀行，幾乎家家戶戶都有認識的人在富通銀行工作，或是持有富通銀行的股份。

我花了好些時間才了解與消化突然發生的狀況，我們那麼辛苦努力做了一年的專案，僅僅幾週就化為泡影。

我們的團隊回到布魯塞爾時，沒有人知道到底發生什麼事，也不知道該做什麼，整間公司陷入一片慌亂，彷彿遭到急駛的火車撞上。我們急切等待資訊，釐清情況，但都是空等，我度過沒有職務的一年，不過還是被公司雇用，所幸這段期間公司無意裁員。

富通銀行天天上新聞版面，幾個月前還驕傲說自己任職富通銀行的員工，現在受到少數人歸咎應該為這場金融危機負起責任。在比利時政府紓困期間，富通銀行有超過六個月沒有領導人、沒有遠景、沒有策略，組織呈現奇怪的真空狀態，員工士氣持續惡化，許多員工陷入困惑、沮喪的狀態，甚至自甘墮落。

併購專案使富通銀行瀕臨破產，**這顯示決策時機與**

**背景的重要性。**

# 法國巴黎銀行收購富通銀行

2009 年 5 月 12 日，經過幾次法律爭辯後，在承受巨大的社會壓力下，比利時政府和其他股東同意把富通銀行出售給法國巴黎銀行（BNP Paribas）。這家法國最大的銀行最富盛名的就是趨避風險的文化，以及收購瀕臨破產銀行的耐心。

富通銀行併入法國巴黎銀行的整合專案極具頂尖水準。法國巴黎銀行集團（BNP Paribas Group）全球財務長尚羅朗・波納菲（Jean-Laurent Bonnafé）被任命為法國巴黎富通銀行（BNP Paribas Fortis）執行長，派駐布魯塞爾，任期三年。這是我見過極罕見的一個專案：公司高階主管擔任專案發起人，並完全投入其中。人人都知道，波納菲的目標很明確，就是整合富通銀行和法國巴黎銀行。這項專案的特徵跟大多數併購行動一樣，精確估計過整合的總成本與效益（綜效），並且公開坦誠的向市場溝通。這項專案獲得充分的資源投注，內部人員收到批准可以放下日常工作，只專注在銀行整合的專案，而且還有眾多資深顧問參與，使變革加速，並對組織施加壓力。銀行整合的專案在執行面上也注入優異的紀律，還有專門的流程研擬計畫，並訂定重要的里程碑，預估的成本與省下的金額，以及設計新的組織架構等。所有人都必須遵守新的作業方式，包括零售銀行部門、私人銀行部門與批發銀行部門的領導人都不例外，抗拒或沒遵守新作業方式的人都會立即遭到懲處。在這些因素都到位的情況下，這項銀行整合專案能成功毫不意外。

我在這次整合中扮演次要角色，沒有承擔任何重要責任，但我的職位夠接近核心，能夠了解整項專案的執行過程。整合工作進行一年後，有人建議設立一個中央部門來負責監督專案，提供我一個理想的職位，在我的職業生涯中，也成為我的另一項專案。我被任命為跨專案投資組合管理部（Transversal Portfolio Management）主管，主要職責是支援法國巴黎富通銀行主管團隊挑選專案，排定優先順序，督導銀行內所有專案。這個部門與職位都是新設的，我必須從零做起，但這樣的新奇做法也凸顯一點：以往的專案就像自由的原子，沒有任何制式的控管或其他管理上的標準模式。

　　這段時期的經歷讓我大開眼界，我有機會嘗試參考書裡和專家在課程與研討會上教導的東西：專案應該一直與策略目標有關；應該根據數量與品質的加權公式來決定專案的優先順序；管理高層應該選擇能為組織帶來最大價值的專案等。

　　當然，現實有所不同。如果要綜觀組織的各項專案，首先遭遇的一個挑戰就是取得可靠的資料。由於多數組織在 1990 年代大力投資企業資源規劃系統（ERP）及客戶關係管理系統（CRM），因此，營運、供應鏈、銷售與人力資源等資料都相當充足，而且大致上正確。但是，專案的相關資料缺乏系統性的收集整理。ERP 系統提供專案的部分財務資料，我和團隊花近六個月收集其他可靠且正確的專案資訊，才能進行公司管理高層需要的分析。

　　我們對專案檢討執行委員會提出的第一份分析報告中有個重要發現：法國巴黎富通銀行投資過多撙節成本（74％）和法遵（22％）的專案，幾乎沒有投資追求事業成長的專案。對此，我們提出第一項評論：「我們對銀行投資挹注這麼多資金，卻沒有投資為銀行賺錢的專案，怎麼會這樣呢？」執行委員會贊同我們的分析，同

意未來應該建立更均衡的專案組合,接下來兩年將側重
事業成長型專案。

除了專案組合,我們還列出銀行目前執行的所有大
型專案,以及潛在的新專案清單,這是這家銀行史上第
一次把所有重要專案並列在一張投影片上。清單上有一
條清楚的紅線,區隔出已分配超過一億歐元預算的專
案,所以列在這條紅線以下的專案都應該停止、延後或
不要執行。會議室裡陷入一陣沉默,大家看著紅線下方
的專案清單,意識到我提議要取消某些專案,大家的臉
色變得很難看,開始試圖為所有紅線下方的專案辯護:
這項專案對我們的業務真的很重要;我認識執行這項專
案的人;這項專案已經做了四年,不能半途而廢等。這
些理由是否很耳熟呢?這間銀行的高層主管從來沒有被
要求去選擇或取消專案,過去,每個構想都會促成一項
新的專案啟動,一開始也沒有限制。

儘管收集資訊的工作很辛苦,分析的結論還引發驚
訝與爭論,但這群主管消化棘手的討論與決策後,我們
收到非常正面的回饋,也獲得執行委員會的讚賞。他們
承認這是第一次針對銀行的長期策略進行聚焦、有建設
性又透明的討論。

　　儘管這段期間很辛苦，但在我的職業生涯中，這是
收穫最豐碩的一次學習體驗。

## 我的第一本書

　　從富通銀行破產，到法國巴黎銀行正式接管這段混
亂的過渡時期，我決定致力讓我的一個夢想成真，那就
是寫一本書。這個構想從我在普華永道工作的期間就有
了，**寫書是一項專案，第一次寫書時，這項專案不會照
著你的計畫走，如同每個個人的專案，寫書非常仰賴紀
律，以及針對有限時間安排事情的優先順序。**

　　我的書大部分是研究與了解為何我遭到普華永道解
雇，為何那些高階領導者不了解或不重視專案與專案管
理的策略價值。我從研究中獲得一些洞察。第一，我發
現商學院忽視專案管理，全球前 100 名的企管碩士學程
中，只有兩個學程把專案管理列為必修課。第二，著名
的商業媒體，例如《哈佛商業評論》，不太刊載與專案
有關的文章，以及如何成功執行專案的論述。我發現
1972 年到 2012 年間，《哈佛商業評論》刊載 4,750 篇行
銷的文章，4,324 篇財務的文章，4,313 篇策略的文章，

而專案管理的文章只有 299 篇。第三，麥肯錫等頂尖管理顧問公司沒有提供改善專案或專案執行實務的諮詢輔導。所以，最側重策略的組織沒有教導、論述或諮詢專案管理相關領域，接觸到專案管理藝術與科學的領導人或執行長非常少。我的第一本書《專注的組織》[20] 主軸在於凸顯專案在成功執行策略中扮演的重要角色。

在我進行研究的兩年期間（2009 年到 2011 年），最先發現到組織執行工作與分配資源的方式漸漸改變，這些轉變緩慢但持續，組織的資源、預算與焦點逐漸從日常活動轉移到專案上。後來，轉變開始急劇加快，沒過幾年，大多數工作都以專案的形式執行。

我也發現專案管理被忽視的一個原因，在於現代專案管理先驅在 1970 年代對專案管理的定義。他們提出的方法論與標準主要聚焦在投入要素、工具、成果、控管與文件記錄，沒有凸顯專案與專案管理為組織、客戶、公民、地區或世界帶來的影響、價值或好處。他們使用的語言和術語太過技術，偏離主流的商管語言，難怪多數領導者把專案管理視為技術和戰術工具，而非能夠創造顯著價值的策略工具。所以，這本書的一項宗旨是解決這個問題：讓專案管理變得更簡單易懂，又方便應用，提供技巧、工具與心態，讓人人都能成功執行自己的專案，讓夢想成真。


## 加入專案管理學會

　　我的職業生涯接著面臨重要的一步：加入專案管理學會（Project Management Institute，簡稱 PMI）當志工。創立於 1969 年的專案管理學會是世界頂尖的專案管理機構，提供最具認可的專案管理標準，叫做專案管理知識體系（Project Management Body of Knowledge，簡稱 PMBOK），以及專案管理師（Project Management Professional，簡稱 PMP）認證。截至 2018 年 7 月為止，專案管理學會已經有超過 80 萬名取得專案管理師資格，以及超過 50 萬名會員，幾乎遍及世界每個國家。

　　我認為，想要在專案管理領域發揮影響力，最佳途徑就是在專案管理學會取得領導地位，我想像自己可以把這間機構推廣到傳統的領域之外，例如世界經濟論壇（World Economic Forum）的達沃斯年會、諾貝爾和平獎等等，這是我最宏大的夢想。

　　所以，我立定目標要加入專案管理學會的董事會，而且很快就實現目標了。我在 2013 年被推選為會員代表，之後還做過幾項職務，最後在 2016 年獲選為董事會主席。**我想做的事很明確：讓組織領導人與重要決策者了解並且重視專案與執行專案的價值。在我的指導下，專案管理學會展開近 50 年來最大的倡議與投資：光明線倡議（Brightline Initiative）。**[21] 這項策略行動促成專案管理學會和全球一流的組織締結聯盟，並獲得極具影響力的論壇賞識，例如世界經濟論壇的達沃斯年會、《經濟學人》（*The Economist*）、《哈佛商業評論》、Thinkers50、彼得杜拉克全球論壇（Global Peter Drucker Forum）、TED 演講。專案管理欠缺關注的缺口就此填滿。

我在 2015 年離開法國巴黎富通銀行，進入葛蘭素史克藥廠（GlaxoSmithKline）擔任全球專案管理部門總監，這是職業生涯中最後一項專案。從銀行業轉戰製藥業相當不尋常，事實上，我得知有近百名候選人競爭這個職位，其中有許多人在製藥業有多年經驗，但我的專案與執行專長成為重要的差異化條件，使我獲得這個非常誘人的職位。

歷經 20 多年的專案管理工作，並且倡導專案與專案管理的價值，2017 年我獲得崇高的肯定：我得到管理思想界最富聲望的一個獎項，Thinkers50 的「構想實踐」獎。這個獎項表揚我是專案管理領域的全球頂尖倡導人，並且創立一項全球性的活動，促使專案管理從戰術性主題轉變成 2020 年執行長議程上的核心議題之一。這個獎項除了帶給我滿足與成就感以外，也肯定專案的重要性，以及全球數百萬名專案經理、專案領導人和專案總監日復一日的默默耕耘與堅持不懈。

　　**我在專案生涯中學到重要的最後一課是：你應該專注於熱情、工作以及真正喜歡的事。**周遭的人可能會懷疑、甚至反對你做的事，但別讓他們替你選擇，有句話說得好：「選擇熱愛的工作，人生將永遠不再需要工作。」*

---

\* 譯注，這句話是西方學者轉譯孔子所言：「知之者不如好之者，好知者不如樂之者。」不過英文譯意與原意有些出入。

# 第三章

# 那什麼是專案？

THE PROJECT
REVOLUTION

永遠要先界定專案涉及的事
項。意圖乃是成就的根源。

我有幸和羅傑‧馬丁（Roger Martin）相處一段時間。Thinkers50 評選為全球最頂尖管理思想家的羅傑，是前任加拿大羅特曼管理學院（Rotman School of Management）院長，曾經和寶僑（Procter & Gamble）與樂高（LEGO）的領導人密切共事，著有多本暢銷書，他的睿智令人欽佩。羅傑曾撰文指出，現今有個問題在於，工作與職業生涯的發展架構彷彿很平順，沒有崎嶇，其實，它們是由各種高低起伏的專案所構成。[22] 他說：

> 至少有 80% 或高達 95% 的工作是各種專案的綜合體，但是，一般的上班族不會認為「我的人生是很多專案」，他們認為的人生是某種例行公事，專案則會妨礙他們的例行公事。因此，專案被延遲與錯誤管理。實際上，在組織裡，整個決策工廠應該被視為專案，經理人應該圍繞著專案來安排生活。組織應該看起來更像專業服務公司。[23]

整個企業界充斥這些思想，專案經常被邊緣化。我常探索為何公司有那麼多專案，為何這些專案往往未能完成或達成任何實質效益。後來，一位高階主管告訴我：「如果你想確保某件事做不成，那就把它打造成一項專案。」

多年來，我發現「專案」這個名詞被廣泛使用，但大家都有誤解，私部門與公部門都是如此。這種現象產生兩個影響專案成功機率的問題。

**第一個問題與專案的定義有關：許多傳統上屬於例行公事的活動，現在被貼上「專案」的標籤，導致組織中專案與專案經理的數量大增。**不久前，我為一家知名生技公司服務，這間公司有 80 名員工和 7 名主管，例行工作有超過 400 項專案，他們當然無法應付，而且還搞得一團混亂。今天，這種毛病幾乎影響每個組織，附帶造成幾種損害，其中一個損害就是執行工作的優先順序問題，之後我們會詳加探討。

**第二個問題是更為官僚，以及與成本的增加。**如果你把專案管理方法應用在所有專案上，工作會變得複雜，成本也會提高，甚至還要因為治理委員會的工作浪費人力資源，實際上這份工作根本不必要。我們稍後會提到，專案管理不是「不用花錢」，平均來說，因為精

心管理、監督、製作報告與其他管理措施會使工作增加
7 ～ 11 ％的成本。

英語裡最初使用「專案」（project）這個字時，指
的是一件事情的計畫，不是指執行計畫的行動。1950 年
代，出現幾種專案管理方法，這時這個字的用法被擴展
到包含規劃與執行階段。到了 1960 年代末期，幾家專
案管理實務的協會成立，最知名的是 1965 年在維也納
創立的國際專案管理學會（International Project Management
Association，簡稱 IPMA），以及 1969 年在費城創
立的專案管理學會，它們成立的最初目的是提出共通的
定義與最佳實務。

專案管理學會對專案的定義如下：

專案的性質是暫時的，它有明確的開始時間與
結束時間，因此有明確的範疇與資源。專案很
獨特，它不是例行性作業，而是一群旨在達成
某個目標的特定任務。因此，專案團隊的成員
通常包含平時沒有一起工作的人，有時候，他
們來自不同地區的不同組織。為了改善業務流
程而開發軟體、發生天然災難後進行救援，把

銷售擴展至新地區，這些全都是專案，全都必
須專業的管理，以在預算內準時達成組織需要
的成果、學習與整合。[24]

還有其他對專案的正式定義：

• 「專案是一群獨特的流程，包含協調與控管活
  動，有開始日期與結束日期，旨在達成一項目
  標。專案目標交付的成果（deliverables）必須符
  合特定要求，這樣專案才算完成，交付的成果需
  要滿足時間、成本與資源等多種限制條件。」
  （ISO 21500 專案管理標準〔 ISO 21500 Guidance
  On Project Management 〕）[25]

• 「專案是使用一套經過管理的相關資源，藉此交
  付一項以上的產品給客戶或實際用戶，這套資源
  有明確的開始與結束時間，並根據計畫來運作。」
  （美國軟體工程研究院〔 Software Engineering
  Institute 〕）[26]

• 「專案是一項有時間與成本限制的任務，旨在交
  付符合品質標準與規定的明確成果（達到專案目

的的範疇）。」（國際專案管理學會）[27]

- 「專案是一個暫時性的組織，成立目的是根據明確的業務案件，產生並交付一項以上的商品。」（英國政府商務辦公室〔 Office of Government Commerce UK 〕）[28]

- 「專案是一項為了達成計畫目標的獨特、短暫性工作。」（英國專案管理協會〔 Association for Project Management 〕）[29]

　　你可能已經注意到，對非專業人士來說，大多數的官方定義顯然相當具有技術性、冗長，而且難以理解。這有部分可以解釋為什麼專案管理很大程度上被視為是一種技術與戰術實務，而不是在管理和領導學中的戰略主題。

　　以下是我對專案的定義，希望能提供普遍的共識：

　　專案是讓構想成真的有效方法，它的目的在解決問題，或是創造新東西。每一項專案的本質都是獨特的，即使以前做過類似的專案，其中某些要素還是不同。專案（通常）需要由具備各種技能與專長的人組成團隊，而且需要一位團隊領導人來驅使團隊行動。一項專案受到時間（有結束日期或終點線）、預算（資金與資源）、設計（抱負與品質）的限制。專案往往必須透過密集溝通來安排利害關係人（個人、集體或文化）的行為。

另外，我們也有必要了解專案和營運與例行活動的區別：

- 專案是一次性投資，旨在達成事先訂定的目標；營運是每年有相似目標（有些微改進）的例行活動。
- 專案有時間與預算的限制，執行人員是短暫組成的團隊成員；營運有重複性，可以更容易自動化，根據年度預算來運作，執行人員是全職的團隊成員。
- 執行專案與例行活動所需要的人力資源與職能類型不同。專案領導人往往更為通才，他們必須跨界匯集不同觀點，因此需要具有外交與協商技巧；他們也必須善於管理不確定性，因為大型策

略性專案每一週都有難以預測的變化。反觀例行
作業需要的是偏向高度技術性質與所屬領域的專
業人才，他們精通財務、行銷或營運方面的技能。

## 那什麼是專案管理？

專案管理是一門藝術，也是一門科學，精髓在於成
功執行專案。

現今使用的「專案管理」這個名詞出現在 20 世紀
下半葉，主要是二次大戰之後。在此之前，專案是專
門、臨時的管理，大多使用非制式的方法與工具。[30] 二
戰後，重建專案的數量與規模空前，需要組織投入大量
資源，才能在既定的截止期限達成目標。政府開始要求
企業更精準的估計整個計畫與成本，這些巨型專案
（megaproject）需要全方位的管理方法，而非只是遵循
直覺的流程。

亨利・甘特（Henry Gantt，1861 ～ 1919）被視為
現代專案管理的開創者，他發展出「甘特圖」（Gantt
Chart），將專案重要步驟的進度時間以視覺化圖表呈
現。1930 年代最著名的基礎建設專案就使用甘特圖，例

如胡佛水壩工程，以及曼哈頓計畫。現在，它已經成為每一位專案經理人工具箱裡必備的工具。

二戰後，組織開始運用系統性的方法、工具與技巧，藉此使複雜專案的控管與規劃得以改善。美國海軍與博思艾倫諮詢公司（Booz Allen Hamilton）等幾間管理顧問公司是現代專案管理發展最早期的貢獻者，專案管理開始被視為有別於工程或建築的學科。

早年的專案管理主要聚焦在預估及規劃（時程表）的準確度，最重要的兩項進步是這些領域的公式。第一個公式是博思艾倫諮詢公司發展出來的計畫評核術（Program Evaluation and Review Technique，一般簡稱PERT），用於事前估算專案需要花費的時間。第二個公式是杜邦公司（DuPont）和雷明頓蘭德公司（Remington Rand）共同發展出來的要徑法（Critical Path Method，簡稱CPM），藉此使專案的規劃與控管得以改善。

現代專案管理像這樣側重投入面（規劃、估計、成本、時間、範疇、風險管理）的做法一直持續至今；至於產出面（目的、理由、價值、好處、影響、策略與客戶等）的概念，沒有被包含在專案管理最初的定義裡。這種對產出面的忽視，是導致專案管理這門學科遭到區

隔與忽視的主要原因之一。過去 30 年間,各企業執行
長工作的重心在主流的管理、領導與策略學等,專案管
理根本不在他們的考量之中。

就像專案的定義一樣,專案管理的定義也相當晦
澀,一般人難以理解。為求簡單易懂,我偏好這樣定義
專案管理:**專案管理是幫助人們定義、規劃與成功執行
專案的能力、方法與工具。**

不過,專案管理還有另外兩個要強調的重點。

第一,之前提過,**專案管理也有成本**,沒有例外。
執行各種活動需要加上一層經常費用與監管成本,還需
要組織的資源與時間(額外的會議),這些都是成本。
根據研究,每個階段的專案管理成本通常占總成本的
7 ~ 11％ [31];如果再加上其他控管流程,例如外部稽核,
專案管理的成本占專案總成本的比重將提高到 9 ~
15％。[32] 為了把成本控制到最低,小型專案的專案經理
通常得兼做專案工作,很難只是擔任專案管理者。中型
專案就比較能夠在專案管理上得到相對合理的投資。但
是,最大量的專案管理資源應該投資在大型專案上,因
為這些專案的複雜程度與風險牽涉的利害關係最大。

組織應該對專案與例行活動(我稱為「經營既有業

務」）訂定明確且客觀的標準，雖然，訂定標準的方法也有各種不同的理論，不過我傾向非常務實的看待，因為往往沒有非黑即白的答案。我建議定義一套標準，例如：

- 專案預算（例如高於 50 萬美元或歐元）
- 執行期間（例如介於 6 ～ 24 個月）
- 超過五名全職員工或投入時間相等的人力資源投入專案
- 至少有三個單位、部門與（或）地區受到影響
- 連結到策略目標

符合前述至少三項標準的專案，應該由專業的專案經理人管理，使用專案管理的流程、工具與方法，也包括風險管理。這些專案還需要訂定正確的治理架構和監督機制，以確保專案順利執行。

前文提過的生技公司訂定一些基本的定義：專案是需要超過 500 個個人的工作天，以及至少 40 萬歐元投資的計畫，而且具有跨界的性質。有了這些基本定義，公司得以把原先重要的專案清單從 400 項減少到只剩 25

項，然後再排定這 25 項專案的優先順序，安排適量成員加入，最後專案的執行得到顯著改善。

檢視組織的專案清單時，你應該牢記兩點：

- 只有符合特定標準的案件才能稱為專案。
- 對規模與複雜程度夠高的專案進行專案管理。

第二個要強調的重點是，**專案管理正朝向專案領導邁進**。過去 30 年，組織漸漸從側重專案與專案管理的硬體技術層面（例如時程、範疇、財務、風險），轉向重視更軟體的層面（例如人員、行為、文化、溝通、變革）。我們將在後面探討執行專案所需的技巧，但是，專案的領導漸漸變得比專案的管理更重要。

## 專案的演進

檢視專案的演進，有助於了解專案的定義與專案管理這門藝術的演進。從專案的定義可以看出，自從有人類開始，專案就是人類天性的一部分，現今的專案管理是自然演進的結果，在整個人類史上，專案從未缺席。

　　獵食可被視為人類最早的專案型活動之一，外出為家庭與村莊獵食，是一種有時間和資源限制的活動，充滿風險，有利害關係人在期待成果。當獵食變得更有規律，而且技巧熟稔後，這項活動就從專案變成例行性活動。最早的村莊、城堡、灌溉系統和車輪，全都歷經時日，透過更加成熟的專案心態（project mentality），才能讓新構想成真。而專案心態得以更趨成熟，則是透過從過去的錯誤中學習，引進新方法。

　　有兩項重大專案可以說是人類史上最早的大型專案代表，第一項是興建於春秋戰國時代，一直到明朝仍進行大規模修築的長城，為了抵禦外族與其他游牧民族的入侵，這座石牆綿延超過 6000 公里，至今仍是人類史上最長的建築物。第二項是在大約西元前 2560 年完工的吉薩大金字塔（the great Pyramid of Giza）*，興建僅花費 20 年，用來作為法老王的陵墓，使用 230 萬塊石灰岩建造，墓室內的巨大花崗岩石塊則是以人力從 800 多公里遠處搬運過來。建成之後的 3800 年間，吉薩大

---

* 又名「古夫金字塔」，是吉薩金字塔群中最大、最古老的金字塔，高度約 146.59 公尺。

金字塔一直是全世界最高的建築物，直到在大約西元
1300 年左右，這個記錄才被 160 公尺高的林肯大教堂
（Lincoln Cathedral）超越。

其他歷史悠久、已經變成地標的古代專案包括：

- **墨西哥的特奧蒂瓦坎（Teotihuacan）古城**，西
  元一至七世紀間興建，西元 450 年達到巔峰，有
  20 萬人口，是當時全世界最大的城市之一。
- **羅馬競技場（Colosseum in Rome）**，西元 70 ～
  80 年間興建，是有史以來最大的圓形競技場。
- **伊斯坦堡的聖索菲亞大教堂（Hagia Sophia）**，
  西元六世紀時花費大約六年的時間興建，被認為
  是拜占庭式建築中最重要的作品，其中有近 1000
  年是全世界最大的基督教教堂。
- **祕魯的馬丘比丘（Machu Picchu）**，又叫做「印
  加文明失落之城」，是前哥倫布時期印加文明的
  遺蹟，由印加帝國的君主帕查庫提（Emperor
  Pachacuti）在西元 1450 年左右興建。
- **印度的泰姬瑪哈陵（Taj Mahal）**，蒙兀兒王朝第
  五代皇帝夏加汗（Shah Jahan）為紀念亡故的愛

妻慕塔芝‧瑪哈（Mumtaz Mahal）而興建，建於
西元 1631～1653 年，動用近兩萬名工匠與技工。

- 許多倖存至現代的**大教堂**也是著名的歷史性專
案，梵蒂岡的聖彼得大教堂是最著名的一個。與
其他建築不同，有些大教堂花幾個世紀來興建，
由好幾個世代的建築者、雕塑家、建築師等接力
完成，這些專案執行期間長達幾個世紀有兩個主
要原因：欠缺資金，以及大教堂的設計（範疇）
改變，也就是工程期間，風格改變（羅馬式、哥
德式、文藝復興式或巴洛克式等）。最著名的是
巴塞隆納的聖家堂（Sagrada Familia），自 1882
年動工，現在預期在 2026 年竣工，正好是原建
築師安東尼‧高第（Antoni Gaudi）逝世 100 年
後。據說有人詢問這座大教堂的主要建築師，為
何這項專案會延遲這麼久，他們回答：「上帝並
不急」。

這些非凡的作品是由工程師、建築師和技工設計與
打造，為了成功完成作品，他們使用類似現今的專案管
理原則與概念，多年來，監督者必須管理與激勵成千上

萬名工人，確保有足夠資金購買材料和支付工資，並且必須經常和工頭、領導人或指揮官溝通，以確保工程符合期望。他們的預算、資源和時間都有限，他們非常重視品質，確保建築物能夠經得起戰爭和天災的摧殘考驗。如果監督者對這些原則沒有相當的了解，這些專案絕不可能成功。

馬克‧柯札克荷蘭（Mark Kozak-Holland）在《專案管理史》（*The History of Project Management*）中證實，專案管理並非20或21世紀的學科。[33] 但是，儘管自遠古起，人類歷史中有大量的專案，但是歷史記錄的文件仍然很稀少，這可歸因於許多因素。第一，專案發起人通常對成果比較感興趣，而非對規劃與執行方法感興趣；第二，負責這些興建工程的人是技工，未必受過多少教育，或是不想讓其他人知道他們的手藝訣竅。許多這些專案的執行細節被擅長特定工藝的部族或家族當成祕密，他們的知識受到私藏，而且代代相傳。

下一代的專案是大型土木工程專案，例如水壩、橋樑、隧道與公路。再下一代則是大型標誌性專案，例如音樂廳（例如雪梨歌劇院）、體育館（例如2014年索契冬季奧運和2008年北京奧運）、博物館（例如古根漢美術館）與摩天大樓。從紐約帝國大廈（Empire State Building）到杜拜的哈里發塔（Burj Khalifa），我們用專案來挑戰大自然與人類成就的極限。

最傑出的政府與政治領袖幾乎都是專案的倡導人，他們當中有些人推動專案發展地區與國家勾勒並推行長期願景（例如新加坡、深圳、臺灣和杜拜），也有人使用專案帶領國家走出經濟谷底或戰爭（例如冰島、盧安達和阿富汗）。

現在，我們經常談「巨型專案」[34]，這指的是預算超過十億美元的專案[35]，因為對社區、環境與預算有重大影響而吸引大眾關注。巨型專案的例子包括鐵路、機場、海港、發電廠、石油與天然氣開採、公共建築、航太專案、智慧型城市等。巨型專案的數量愈來愈多，但專案的基礎本質與最佳管理實務仍然相同。

# 第四章

# 正確執行
# 專案

THE PROJECT
REVOLUTION

專案經常失敗，有時甚至一
敗塗地。那麼，最常見的絆
腳石是什麼，該如何避開它
們？

　　想像未來會有個大多數專案（個人、社會、公司、
組織與政府的專案）都成功執行的世界，這是我的目
的，也是我寫這本書的目的。

　　只有少數專案能夠達到目的，完成期望的目標，獲
得持久的效益，滿足所有利害關係人，以及在截止日期
前在原定的預算內完成。祕訣究竟是什麼？我們可以從
無數失敗的專案中學到什麼？如何建立一套架構或工具
來確保專案成功，或至少大幅提高專案成功的可能性？

　　**首先，我們必須對這些專案投注前所未有的關注，
讓人們有能力推行專案革命，並配備應有的工具與方
法，因此得以在專案為主的世界裡生存下去。**研究證
實，很少人是從課堂上學到成功定義與管理專案必備的
工具與方法 36，如同第八章會談到，哈佛大學、麻省理
工學院、華頓商學院、史丹佛大學、瑞士洛桑管理學
院、歐洲工商管理學院、倫敦商學院等全球頂尖商學院
的企管碩士班核心課程都沒有教專案管理。數十年來，
專案管理能力一直被歸類為戰術性質，組織中的高階主
管並不需要這項能力，因為重要的是策略、財務、行銷
與業務專長。

　　**其次，我們必須重新調整組織，把更多權力、資源**

**與預算分配給專案型工作。**所有組織都必須這麼做。

　　大規模生產制度在 100 多年前興起，提高營運工作的效率，從此之後，這個趨勢持續發展，營運工作需要的人力資源逐年減少。企業自 1920 年代之前就開始持續改進營運工作（我在第一本書《專注的組織》裡稱這類工作為「經營既有業務」），藉此提升效率、降低成本。當時，多數公司以生產產品為主（服務業還不興盛），主要目標是追求成長，不過藉由購併來成長的做法不像現在那麼盛行，主要還是靠增加產能、進入新市場等自然的成長。等到產業變得更成熟後，則是靠提升效率、降低成本來成長，這類成長方法帶來的影響是，專案（我所謂的「改變業務」）的數量與時俱增。

　　想要了解這股趨勢，我們必須檢視經濟的演進。政府與中央銀行的經濟與貨幣結構，直接影響組織能運作的專案數量。經濟體系中的貨幣流通量、「便宜」資金（指的是低利率）取得的可能性、貨幣流通速度（平均每單位貨幣在一定期間內的花用次數），都是影響變化的指標。經濟體系裡的金錢流通量愈多，就有愈多公司用它來投資策略性專案；利率愈低，也會有愈多公司融資，將錢用在策略性專案。這些現象只要看英國近 100

年的國內生產毛額（GDP）變化[37]，就能列出下列假設：

- 經濟衰退（GDP 負成長）期間，公司減少專案的
  支出。
- GDP 沒有成長期間，公司的專案支出沒有改變。
- 經濟成長（GDP 正成長）期間，公司增加專案的
  支出。

　　這些支出金額增減的影響，會在隔年出現明顯的變
化，圖 4-1 裡顯示這項分析的結果。

圖 4-1　資源從日常工作（營運）轉移至改變業務的活動
　　　　（專案）

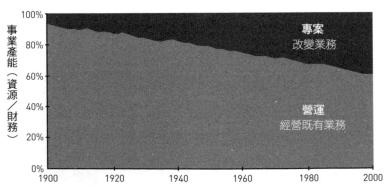

顯著影響這個趨勢的一個重要因素在於，幾乎所有管理學家與理論都側重改進「經營既有業務」的層面。管理界知名的影響力人物，如菲德烈‧泰勒（Frederick Taylor）、亨利‧福特（Henry Ford）、愛德華茲‧戴明（W. Edwards Deming）、伊格爾‧安索夫（Igor Ansoff）與麥可‧波特（Michael Porter），他們提出的建議側重在營運的改善。諷刺的是，這些營運層面的改善是以專案模式來執行，而且通常是一次性專案，但是，要改變一項事業，必然得靠執行專案，別無他法。

除了管理思想，還有其他幾項變化與潮流助長這股趨勢：

- 1970 年代，個人電腦開始在職場普及。
- 1980 年代，事業流程改造的潮流。
- 1990 年代，企業資源規劃系統（ERP）把大多數的業務自動化。
- 2000 年代，核心與支援性的業務外包。
- 2010 年代，大數據和極度自動化（extreme automation）。

　　這些變化導致企業經營變得極有效率,達到不可能再找到更多效率改進空間或領域的地步。同時,組織的專案數量、投入專案的資源與專案的規模全都逐年提高,專案持續發展之下,既有的組織與管理方法面臨前所未見的威脅。

　　但根據我的最新研究,這些發展趨勢只會愈趨興旺。破壞性創新科技將助長這股趨勢,機器人與人工智慧將取代近乎所有傳統的行政與營運工作,這類型的職務某些已經消失,或被完全改造。組織會把焦點更加轉

圖4-2　大規模採用人工智慧與機器人,將助長組織轉向專案與專案型工作

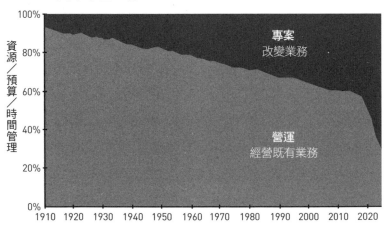

向專案與專案型工作，專案是創造價值的新典範，並將持續發展，就像我說的，會形成專案革命。

## 超越效率

從提升效率轉向改變業務，而不只有經營既有業務是項困難的任務。我的經驗和研究顯示，許多組織會出現下列狀況：

- 缺乏專案與整體策略執行效果的相關資訊。
- 不清楚運作的專案數量，以及專案的狀態、實際成本、預估完成專案所需的成本、專案的效益與執行理由。
- 缺乏專案狀態的相關資料，而且報告得花數個星期製作，還從未顯示正確資訊。
- 專案在最初沒有經過適當分析，也缺乏明確的理由。
- 專案數量不斷增加，進行的專案數量比完成的專案數量還要多。
- 許多專案（包括最具策略重要性的專案）沒有明

確的所有權歸屬。

- 沒有跨部門治理單位決定要投資哪些專案，或確保專案正確執行。

- 事業單位與部門之間的溝通與合作狀況不良。

- 沒有管理專案的完善工具。

- 發展產品與推出新產品到市場上的前置期愈來愈長。

　　或許會有那麼多專案以失敗收場也不奇怪。

　　我們很難估算每年因為糟糕決策、能力缺乏，以及不了解健全的專案管理實務的重要性浪費多少錢。不過，有些研究試圖估計這些管理缺陷導致的價值損害，實際真相相當駭人：

- 專案管理學會每年對全球專案管理從業人員進行「專案管理從業者脈動」（Pulse of the Profession）調查，2018 年的調查結果顯示，全球各地組織因為糟糕的專案管理實務導致事業策略轉型成效不彰，總計**每 20 秒鐘浪費約 100 萬美元**，等於**一年浪費 1.5 兆美元**，相當於巴西的

GDP。[38]

- 英國 IT 顧問公司 6point6 根據 300 名資訊長進行的問卷調查結果統計，英國企業因為敏捷 IT 專案失敗，導致**每年浪費 370 億英鎊**。[39]

- 2011 年《哈佛商業評論》的一篇研究報告分析 1,471 項 IT 專案後發現，**平均成本超支 27%**，每六項專案中就有一項超支 200%，還延遲近 70% 才完成。[40]

- 另一項研究估計，IT 專案失敗導致美國經濟**每年損失 500～1500 億美元**。[41] 這項研究指出，**預算低於 10 億美元的專案有大約 30% 未能達到預期成果；預算高於 10 億美元的專案有 50% 未能達到預期成果**。不論專案在什麼國家進行都是如此，在新興市場與非洲等偏遠地區，專案失敗機率可能更高。因為涉及很多風險因素，如果沒有妥善應付，結合起來可能形成「完美風暴」，摧毀專案。

- 普華永道檢視 30 個國家各產業的 200 家公司所做的 10,640 項專案後發現，**只有 2.5% 的公司成功完成百分之百的專案**。[42]

- 麥肯錫管理顧問公司（McKinsey & Company）研究超過 5,000 項專案後發現，**56％的專案創造的價值低於預期**，45％的專案超出預算，17％的專案執行糟到威脅公司生存。[43]

- 根據顧能公司（Gartner）的研究，**85％的大數據專案未能安度預備階段**，向前推進。[44]

- 西班牙地理學家協會（Association of Spanish Geographers）發表的研究報告估計，1995 年至 2016 年間，**西班牙政府花費超過 810 億歐元在「不必要、半途而廢、沒有充分利用或規劃不當的基礎建設上」**。而且，考慮到已經承諾投入的經費，這個數字在近期內可能超過 970 億歐元。這份報告也指出：「這一切都是在缺乏恰當的成本效益分析下推行，往往是根據非常樂觀、但實際上稍縱即逝的經濟情境來估計未來的使用者或獲利。」[45]

- 牛津大學賽德商學院（Saïd Business School）發表一份嚴謹的研究報告，顯示**中國的基礎建設投資**成本普遍嚴重超支。這份報告分析 95 項中國的大型道路與鐵路運輸系統專案，以及在富有的

民主國家進行的 806 項交通運輸系統專案，報告
寫道：「中國在過去 30 年間所做的基礎建設投
資，有過半數的成本大於產生的效益，這意味這
些專案會損害經濟價值，而非創造經濟價值。」
這項研究估計，**專案的成本超支導致中國損失約
28 兆美元**，比美國、日本與德國的 GDP 總和還
要高。[46]

如果我們檢視個別的失敗專案，這份清單會非常駭
人，而且列都列不完。下列是幾個最糟糕的例子：

- **國際太空站（International Space Station，簡稱
  ISS）：** 由俄羅斯、歐洲、日本、加拿大與美國合
  作經營的軌道實驗室，這項專案相當龐大複雜，
  1998 年把第一個組件發射進入預定軌道時，已經
  比原定時程落後四年，原先估計的成本是 174 億
  美元，最終擴增至 1500 億美元。截至目前為止，
  國際太空站遠不如美國太空總署期望的成功。[47]
- **蒙特婁奧林匹克體育館（Montreal Olympic
  Stadium，1976 年）：** 這座體育館原先因為名字

與圓形外觀得到「The Big O」的暱稱，後來，建造成本嚴重超支，人們戲稱它為「The Big Owe」[*]。這座體育館原先的預算是 1.48 億美元，最終成本暴增 20 多倍，達到 31 億美元。儘管建造完成日期無法更改，在拚命趕工下仍無法完工。直到奧運結束後，桅杆與可伸縮的屋頂工程才開始動工，還留給蒙特婁市 16 億美元負債。[48]

- **索契冬季奧運（Sochi Winter Olympics，2014年）：** 這屆冬奧原先的預算是 120 億美元，最終耗資 510 億美元，遠高於 2008 年北京夏季奧運花費的 400 億美元，而且夏季奧運的比賽項目是冬季奧運的三倍。索契冬奧大多數基礎設備，包括主館與其他賽場，都是從無到有興建而成，大多數專案嚴重超出預算，使得這場奧運成為奧運史上成本最高的一場賽事。[49]

- **波士頓大開挖工程（The Big Dig）：** 波士頓這項

---

[*] The Big O 的意思是「大 O」，代表奧運（Olympic），也有建築外觀如大圓般的雙關用意；而 The Big Owe 的意思是「大債務」，由於 Owe 和 O 英語發音相近，人們以此諷刺這座體育館帶來的龐大債務。

大工程把穿越城市的主要幹道埋入 5.5 公里的隧道中，原先的預算是 28 億美元，最終造價則是 148 億美元。1982 年動工後就出現一連串的問題：成本暴增、超支、液（氣）體外洩，還被指責工法粗糙與使用劣質材料，導致隧道天花板坍塌造成一名騎士死亡。這項工程原定 1998 年竣工，最終到 2007 年才完成。《波士頓環球報》（*The Boston Globe*）估計，這項專案最後的花費是 220 億美元（包含利息），要到 2038 年才能還清。[50]

• **越南蓮花集團（Hoa Sen Group）鋼鐵廠：**越南總理阮春福在 2017 年 4 月勒令這座占地 4,200 英畝、投資額 106 億美元的鋼鐵廠停工，避免工廠繼續排放有害化學物質。越南政府決定不再核發執照給任何具高汙染風險的專案。[51]

• **英國電子健康記錄專案（UK Electronic Health Records Project）：**這項專案被視為全世界規模最大的民間 IT 專案，主要是為英國人民建立統一的電子健康記錄系統。但在執行九年後，英國政府在 2011 年正式中止這項已經花費 120 億英鎊的專案。[52]

- **英法海底隧道（The Channel Tunnel）**：好幾個世紀前，連通英國與歐洲大陸的構想已經存在，但直到 1988 年才動工。這條全長 51 公里的海底隧道工程花費六年時間，比原定工期多了一年，最終總成本為 46 億英鎊，比原先的預算（26 億英鎊）高出 80%，被視為史上最昂貴的建築工程之一。這項專案由民間部門出資，以銀行貸款與出售股份給一般民眾募資來進行募資，原始股東的投資幾乎賠光光。[53]
- **德國漢堡市易北愛樂廳（Elbphilharmonie Hamburg）**：這座世界級的音樂廳專案原先預估造價 7700 歐元，預定於 2010 年啟用，但推遲到 2016 年才竣工，成本 7.89 億歐元，是原定預算的 10 倍，因此陷入許多爭議、訴訟與冗長的議會質詢。[54]
- **美國空軍的企業資源規劃系統專案（US Air Force ERP Project）**：這項專案的目的在促使美國空軍的各種技術系統完美互動結合，但歷經七年、花費十億美元後，專案在 2012 年末中止。[55]
- **德國的能源轉型（Energiewende）**：這項專案目

的在把化石能源與核能（2022 年前關閉所有核能
發電廠）轉變為使用綠能。事實上，德國的溫室
效應氣體排放量自 2009 年起就沒有降低過，但
每家每戶都必須負擔龐大成本。根據研究估計，
在 2050 年前，德國的能源轉型專案將使德國人
付出超過 1.5 兆歐元的成本。[56]

• **美國的健保入口網站（Healthcare.gov）**：這是
「美國平價醫療法案」（Affordable Care Act）的
旗艦網站，原本是美國人註冊參加健保方案的簡
易管道，但 2013 年 10 月 1 日開站當天就當機，
也沒有達到預期的註冊人數。這項專案的失敗估
計花費六億美元的成本。[57]

• **澳洲的海水淡化廠**：歷時高達 12 年、直到 2010
年才終止的千禧年乾旱（Millennium Drought）
後，澳洲的國家主管機關在沿岸大城市推動海水
淡化計畫，投資近 100 億美元，在雪梨、阿得雷
德、墨爾本與布里斯本設立四座大型海水淡化
廠。然而，這些海水淡化廠的營運成本太昂貴，
最終被迫關閉。[58]

• **殼牌石油公司終止北極石油探勘行動**：荷蘭皇家

殼牌石油公司（Royal Dutch Shell）之前宣稱楚
科奇海（Chukchi Sea）附近的開採專案擁有可供
應全世界的石油與天然氣產量。但是，殼牌石油
公司花費 70 億美元後，於 2015 年 9 月宣布終止
北極石油探勘行動，理由是化石燃料產量不足以
商業化量產、北極開採環境危險、成本增加，以
及民間環保團體抗議行動。[59]

- **美國桑默核電廠（V. C. Summer Nuclear Power
  Station）**：美國南卡羅來納州興建中的一座核電
  廠在 2017 年 7 月 31 日停建。這座核電廠由西屋
  電氣公司（Westinghouse）設計、預估發電量
  2,200 百萬瓦特，2013 年動工，預計 2018 年完
  工，造價 118 億美元。但是，開發商斯卡納公司
  （Scana Corp.）與南卡羅來納電力瓦斯公司（South
  Carolina Electric and Gas）估計過後，發現總完
  工成本將膨脹至 250 億美元，工期也將延長至
  2020 年代後，因此決定停建。當時正是西屋電氣
  公司宣布破產的四個月後，這凸顯出美國核能發
  電面臨的財務挑戰。[60]

其他領域也很容易看到這樣類似的驚人數字，以新創專案領域為例，知名的新創事業群眾募資平台Kickstarter 自 2009 年創立以來，已經發起超過 40 萬 9,000 件專案募資，募集資金超過 33 億美元，其中約 14 萬 7,000 件（36％）成功募得資金。但是，根據 Kickstarter 的統計，**獲得資金的新創事業專案有高達 63.75%以失敗收場**。[61]

我們通常不只是從成本超支或進度延遲的角度談論專案的失敗，專案嚴重拖延、設計不當或欠缺領導所導致的失敗，造成未達經濟效益、社會影響與收入損失更難量化，更別提原先預期的效益是否真的能夠實現。

專案的經費將持續增加，預估到了 2035 年，為跟進預期的 GDP 成長，平均每年的基礎建設支出約為 3.7 兆美元。[62] 但是，如果組織與政府不擁抱先進的專案領導實務，仍將持續承受專案失敗的巨大風險。

好消息是，並非所有專案都以失敗收場，傑出的專案管理案例還有很多，包括 iPhone、2014 年世足賽冠軍德國隊、空中巴士（Airbus）、巴拿馬運河擴張工程、波音 777、港珠澳大橋、雷諾汽車（Renault）與日產（Nissan）的聯盟。

　　這些組織與國家有哪些共通點？它們如何成功管理專案？我們可以從中學到什麼，以確保未來的專案會更成功，而且為經濟創造財富，為社會帶來益處？繼續閱讀就能夠發掘答案。

第五章

# 專案
# 規劃圖

THE PROJECT
REVOLUTION

介紹專案規劃圖，探討專案
的成功要素。

　　廣為使用的管理方法通常有一些簡單的架構，讓經理人和一般人容易了解又能運用。例如，波特的五力分析（five forces）[63] 與價值鏈分析（value chain）[64]，使組織更容易在這個重要的領域運用策略；波士頓顧問集團（Boston Consulting Group，簡稱 BCG）創辦人布魯斯・韓德森（Bruce Henderson）開發的成長市占率產品組合矩陣（Growth Share Product Portfolio Matrix）[65]，幫助我們簡單了解產品組合。最早由傑洛米・麥卡錫（E. Jerome McCarthy）在 1960 年提出的行銷 4P，後來衍生為行銷 7P，幫助我們決定如何在市場上推出產品或品牌。[66] 這四種架構是各領域最著名且廣為使用的架構，這得歸功於創始人懂得如何把複雜的東西簡化。

　　反觀在專案領域，專案管理方法往往太複雜，一般人不是專家，很難了解或運用。

　　Thinkers50 被《金融時報》（*Financial Times*）譽為管理思想界的奧斯卡金像獎，它的創辦人史都華・克萊納（Stuart Crainer）和迪蒙德・迪樂夫（Des Dearlove）告訴我，專案管理遭到忽視是因為：

　　**人們有讓事情過度複雜化和再發明的衝動，尤**

其是在管理思想領域，思想不斷被貼上新標籤
再利用。專案管理聽起來直接明瞭，還有些傳
統，很多經理人對這兩點感到不自在，他們想
要嶄新、複雜又能夠彰顯地位的東西。實際情
況是人們似乎忽視專案管理複雜、多面向，而
且全面性。事實上，商學院一直沒教專案管
理。[67]

我在第三章提過，現代專案管理方法主要是專業人
士（起初大多是工程師）在 1970、1980 年代為專業人
士（主要也是工程師）開發出來的，原來目的是定義標
準的專案管理流程與階段，建立共通的術語、角色、方
法與規範，藉此用於規劃和控管任何類型、領域、規
模、複雜程度與產業的專案。

專案管理學會（PMI）推出的專案管理知識體系
（PMBOK®）[68] 被視為專案管理的全球黃金標準。專案管
理學會在 1980 年代末期發現，為了改善專案的管理方
式，必須匯總所有官方文件與指南，因此在 1987 年發
表第一份白皮書，PMBOK 的目的是把已經接受的專案
管理資訊與實務整理成文件、標準化。第一版《專案管

理知識體系指南》（*PMBOK Guide*）在 1996 年出版，已
經成為專案管理產業的基本工具，發行超過 200 萬本。

　　第六版《專案管理知識體系指南》在 2017 年出版，
總計 756 頁，如果把《敏捷實務指南》（*Agile Practice Guide*）包含在內，總計 924 頁。相較於總共 589 頁的
第五版，第六版是創刊以來內容更新最多的版本，光是
《敏捷實務指南》部分就有 182 頁。在這六個版本中，
專案管理相關的工具和方法從 118 種增加到 131 種。

表 5-1　《專案管理知識體系指南》版本擴增
從各版本擴增的內容，可以看出專案管理複雜程度大幅升高。

| 年度 | 版本 | 頁數 | 知識領域 | 專案管理流程 |
|------|------|------|----------|--------------|
| 1994 | 初稿 | 64 | 8 | 37 |
| 1996 | 第一版 | 176 | 9 | 37 |
| 2000 | 第二版 | 211 | 9 | 39 |
| 2004 | 第三版 | 390 | 9 | 44 |
| 2008 | 第四版 | 467 | 9 | 42 |
| 2012 | 第五版 | 589 | 9 | 47 |
| 2017 | 第六版 | 756 | 9 | 49 |

　　在這一本 756 頁的書裡充滿豐富詳盡的文件，提供

頂尖專案經理人很多技術性資訊。不過,如此厚重的
書,顯然不是每個領導人或高階主管能夠消化,更別提
一般人,它絕對不像我提到的那些主流學科中的架構,
既簡單又精闢。

傳統的專案管理方法向來抱持一項核心假設:詳細
記錄專案的每個層面,即可在專案執行期間高度控管規
劃後的活動。於是,許多專案經理製作出大量文件,產
生大量文書作業,形成「專案管理的主要角色就是行政
工作」的感覺,往往被大家視為是低附加價值工作,而
且還離組織的前線工作很遙遠。對高階主管最重要的部
分,例如專案的理由或是對組織的好處等,往往不是現
有專案管理方法的重要部分。

傳統專案管理方法的最後一個問題是,當專案執行
的背景環境(內、外部環境)穩定,成果可預期而且固
定的時候,這些方法就很管用;但是,在生態系相互連
動又快速變化的環境下,也就是現今大多數組織運作的
環境下,傳統方法就行不通了。

在這種環境下,難怪敏捷模式會興起:17 位獨立軟
體開發工作者在 2001 年 2 月共同撰寫與發表「敏捷宣言」
(Agile Manifesto)[69] 後掀起風潮。這項宣言中指出,他

們「重視人與人的互動,勝過流程與工具;重視工作軟體,勝過綜合文件;重視客戶合作,勝過契約談判;重視因應變化,勝過遵循計畫。」這種新方法意味的是,在 IT 與網際網路驅動的變化環境中,推翻專案管理的一些基本假設,把焦點從固定、長期、詳細的規劃,轉向有彈性、短期、迭代的流程。IT 開發者在受控管、有條不紊的方法中工作時,常常面臨許多負擔與束縛,而敏捷模式把這些困擾都移除了,也把權力從專案經理人轉移給 IT 開發者。敏捷模式不僅經過事實驗證,也相當成功,敏捷方法受到廣泛運用,不只高科技公司,幾乎世界上每個 IT 部門都擁抱敏捷模式。隨著軟體成為所有組織的重要驅動力,敏捷模式現在普及至職場各個層面。[70] 在第八章探討敏捷組織時我會解釋,這些跡象都顯示,專案革命已然到來,而且將從此扎根。

總而言之,《專案管理知識體系指南》中集結的知識與最佳實務非常有價值,這點無庸置疑,但是,圖 5-1 是使用 Google Ngram Viewer 比較大量書籍中出現「project」(專案)和「project management」(專案管理)的次數,顯示出專案與專案管理間還有相當大的落差,而且還會持續擴大。專案的數量急劇成長,各個國家、

圖 5-1　專案與專案管理之間的落差

傳統專案管理方法太複雜，一般人不易理解或運用，形成專案與專案管理之間的巨大落差。

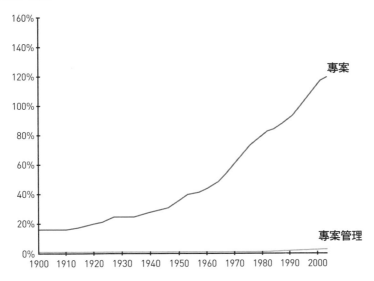

地區、組織或個人執行無數專案，但因為傳統專案管理方法太複雜，導致很少人使用任何形式的專案管理方法。

　　我一直相信必須發展出簡化版的專案管理概念與工具，讓個人、企業、官方或組織易於了解與使用於任何類型的專案。我的信念反映在「專案規劃圖」（Project Canvas）上，這個新架構將縮小專案與專案管理間的落差，增加採用最佳實務的案例，促成更多成功的專案。

　　我在 20 多年的高階主管教育者生涯中曾和許多對專案管理的日常層面不了解或不感興趣的領導人共事過。我發現，問題出在現有的專案管理方法與課程太複雜，甚至訓練專案經理人利用術語，談論引不起多數利害關係人興趣的東西。領導人與那些受專案影響的人主要想知道「為何」（專案的目的、好處、影響、專案的成功要素），以及他們可以「如何」對專案作出貢獻。

　　為了向高階主管與企管碩士班傳授專案管理，我發展出「專案規劃圖」這個新架構。為了讓他們持續對專案管理感興趣，並且參與其中，我必須去除專家術語，簡化語言和專案管理的工具與方法，使人人都能容易了解或運用。

　　這個架構的基準有個前提：每一項專案，不論產業、組織（營利或非營利）、部門（私部門或公部門）、個人或職業性質，構成的要素完全相同，這些要素決定專案的成敗。如果個人、領導人與組織聚焦在這些要素，並使用它們背後的工具與方法，幾乎可以保證專案一定會成功。

　　此外，相較於學術界和管理顧問業的其他管理專家，我身為專案管理專家、葛蘭素史克藥廠現任全球專案管理處總監、法國巴黎富通銀行前任專案投資組合管理部主管，具有一個獨特的競爭優勢：我能夠在現實世界中測試哪些要素有效，哪些無效。毫不意外，我發現標準專案管理理論大多和現實脫節，如同俗話說的：「在理論中，理論與實踐相同；在實踐中，理論與實踐不同。」

　　我提出的變革並非意圖駁斥傳統的專案管理方法；相反的，我提出的變革應該要讓傳統的專案管理方法更容易理解，我想讓它們變得更通用。我也不反對敏捷方法，事實上，我非常認同敏捷模式提出的改進與心態轉變。專案規劃圖是利用這些概念而延伸出的新想法，讓以專案管理為業與管理專案的人在需要時可以使用。

　　專案規劃圖包含 14 個層面，研究已經證實，這些層面會影響與決定專案的成敗。這 14 個層面又區分成 4 大領域，每一個領域（或專長領域）對專案的成敗有一定程度的影響（我會以占比來代表影響的比重）。這 4 大領域是：

- **為何（why）**：成功推出與執行專案的**理由、期望效益、目的與熱情。**（**大約占 20%**）

- **誰（who）**：確保專案取得必要人力資源並獲得成果的負責人與**治理方式**。（**大約占 20%**）
- **什麼（what）、如何（how）、何時（when）**：專案計畫的**硬體層面**（定義、設計、計畫、里程碑、成本、風險、採購），以及**軟體層面**（激勵、技巧、利害關係人、變革管理、溝通）（**大約占 50%**）
- **何處（where）**：執行專案計畫的**組織、文化、優先順序**與（內部和外部的）**背景脈絡**。（**大約占 10%**）

在一些專案中，可能某個領域的影響力會比其他三個領域還大，但身為專案領導人、專案負責人或專案發起人，你必須確保已經顧及這四個領域。

專案規劃圖這套新的專案管理架構有什麼獨特的地方，或是與其他的專案管理方法有什麼不同？

- 雖然這個方法專門為高階主管、資深員工與經理人打造，但專案管理領域的新手，例如學生或千禧世代等也都適用。
- 簡單且通用，從事任何類型專案的人都能使用。

圖 5-2　專案規劃圖

|  | 是誰 | |
|---|---|---|
| **理由與效益**<br>我們為何要做這項專案？<br>這項專案的期望效益是什麼？<br><br>**目的與熱情**<br>這項專案能夠鼓舞人心嗎？ | **專案發起人**<br>誰要為這項專案的成敗負責？ | **治理方法**<br>誰負責什麼工作？ |

（為何）

| **範疇**<br>這項專案會產生什麼結果、達成什麼目標？ | **風險管理**<br>是否已經辨識重要風險？<br>有其他計畫嗎？ | **人力資源**<br>需要哪些技能？<br>如何保持團隊士氣？ |
|---|---|---|
| **時間**<br>這項專案何時完成？ | | **利害關係人**<br>重要與受影響的各方人物支持這項專案嗎？ |
| **成本**<br>這項專案要花多少成本？<br>需要投入多少（內部／外部）資源？ | **採購**<br>如何管理外包人員？ | |
| **品質**<br>如何確保成果符合品質標準？ | | **變革管理**<br>如何促使利害關係人投入，如何移除變革阻礙？ |

（什麼、如何、何時）

| **專案導向的組織：文化、組織架構、優先順序，職能**<br>我們的組織與文化已經做出必要調適，要在專案導向的世界中獲得成功嗎？ |
|---|

何處

- 聚焦在價值與效益,而非流程與控管。
- 鼓勵更快速產生效益與影響。
- 確保每項專案都有目的,而且這項目的能配合組織的策略。
- 聚焦在執行上,而非聚焦在詳細的規劃上。
- 把視野擴展至傳統的專案生命週期之外,檢視專案前與專案後的階段。
- 快速且有彈性,可以在必要的時候調整專案。
- 把專案經理轉型成專案與組織真正的領導人。
- 能明顯提高專案成功的可能性。

　　領導人與組織可以在專案一開始使用這套架構來評估專案是否有妥當的定義,是否值得馬上展開行動,或是需要進一步修改。任何被視為專案的計畫、策略行動方案與其他活動,都可以使用這套架構。

　　專案規劃圖的成功需要遵循下列 12 項原則:

1. 建構完整的效益分析可能辛苦又費時,但在推動專案之前,需要一個清晰的理由、目的與策略的關連性分析。

2. 有一位活躍、持續且充分投入的專案發起人（executive sponsor），是專案成功的要素。

3. 專案會調整與改變現況，因此有可能會遭遇抗拒，所以應該在早期階段考慮與處理。

4. 優異的專案經理必須是真正的領導人，他們必須了解專案的內容，監督活動的細節，以確保專案成功完成。

5. 人比流程重要：專案需要有幹勁的人來領導、運作、執行與完成。

6. 專案失敗並非壞事，反而往往是學習、成長並聚焦在其他更有價值的專案的機會。

7. 很可能必須調整原先的計畫或需求，因此，靈機應變是專案管理的必要條件。

8. 原先的計畫與要求很可能需要調整或改變，因此，專案進行的過程中要靈活敏捷。

9. 專案導向的組織總是必須跨部門運作，才能比傳統的階層式組織有更多彈性，對競爭和市場環境變化更快作出反應。

10. 為提高專案執行的成功率，必須排列出優先順序。

11. 專案績效指標應該聚焦在結果（效益、創造價值、影響、機會與風險）上，而非聚焦在投入（成本、時間、原物料與範疇）上。

12. 專案不能無止盡的做下去，就算有時候並非所有工作都能充分完成，專案還是必須結束。

專案規劃圖除了在葛蘭素史克藥廠和法國巴黎富通銀行成功實行外，下列幾個組織也在使用，而且在投資報酬上與發展執行導向的心態和文化上都獲得顯著具體的改進，這些組織包括：

- 法荷知名的金融交易公司
- 知名瑞士跨國生技公司
- 在歐洲與北美有上百家戲院的全球前十大影業集團
- 美國頂尖、享譽全球的企業律師事務所

接下來，我們將逐一探討這 4 個領域和 14 個層面，每一項專案或多或少都會涉及這些層面。除了提供說明與實例，我也會針對每個層面提出建議思考的問題，這些問題的回答將為專案產生最恰當的資訊。另外，我也會提供每個層面好用的工具，相關的工具很多，但我挑選的是最簡單明瞭、最不複雜、最容易使用，也是我最常使用的工具。

# 領域 1：為何？

「為何」這個領域涵蓋促使專案啟動的因素和實際意義（理由與效益，目的與熱情），一旦專案開始，這些因素將成為驅動力。而且這些驅動力能取得組織的支持與資源，取得高階主管的關注與時間，取得專案團隊成員的投入，取得受專案影響的人的支持。

## 理由與效益

所有專案管理方法都要求專案必須清楚說明效益，但經驗顯示，效益有偏見與主觀假設，尤其是往往會誇大財務效益，藉此讓專案更吸引決策者。你可曾見過哪個專案提出有負面效益或微小的報酬？

最著名的一個例子是 1976 年至 2013 年間營運的英法渦輪引擎動力超音速協和客機（Concorde），當年開發專案時聲稱將有龐大需求，估計能賣出 350 架。[71] 結

圖 5-3 專案規劃圖，領域 1：為何

| | | 是誰 | |
|---|---|---|---|
| **為何** | **理由與效益**<br>我們為何要做這項專案？<br>這項專案的期望效益是什麼？<br><br>**目的與熱情**<br>這項專案能夠鼓舞人心嗎？ | **專案發起人**<br>誰要為這項專案的成敗負責？ | **治理方法**<br>誰負責什麼工作？ |
| **什麼、如何、何時** | **範疇**<br>這項專案會產生什麼結果、達成什麼目標？<br><br>**時間**<br>這項專案何時完成？ | **風險管理**<br>是否已經辨識重要風險？<br>有其他計畫嗎？ | **人力資源**<br>需要哪些技能？<br>如何保持團隊士氣？ |
| | **成本**<br>這項專案要花多少成本？<br>需要投入多少（內部／外部）資源？<br><br>**品質**<br>如何確保成果符合品質標準？ | **採購**<br>如何管理外包人員？ | **利害關係人**<br>重要與受影響的各方人物支持這項專案嗎？<br><br>**變革管理**<br>如何促使利害關係人投入，如何移除變革阻礙？ |

**專案導向的組織：文化、組織架構、優先順序，職能**
我們的組織與文化已經做出必要調適，要在專案導向的
世界中獲得成功嗎？

何處

果，只有法國航空公司（Air France）和英國航空公司（British Airways）購買並投入市場。公司最後建造 20 架飛機，只賣出 14 架，虧損至少 40 億英鎊。

預測過於樂觀的著名專案很多，第四章提到的德國能源轉型專案就是沒有達到預期效益的突破型專案典範，這項專案不僅實現的效益有限，而且研究估計在 2050 年前，德國人將付出超過 1.5 兆歐元成本。這項專案的問題在於對目的（良好實務）過於樂觀，而且根據的是錯誤的假設（最有可能向德國民眾推銷專案）。雖然，少數指標顯示有不錯的進展，但這項專案仍然造成巨大成本。

請別誤會我的意思，準備好效益分析是非常有幫助的做法，不應該略過或隨便執行。思考流程、研究與分析選項，會有助於更加了解專案，研判是否值得投資。但是，我建議應該審慎評估成本效益並預估財務報酬，尤其是預期的效益。根據我的經驗，多數專案的成本評估在某種程度上往往比效益評估更準確，這可能是因為評估效益時牽涉到更多未知數，對未來多年、甚至數十年作出更多假設。

我建議從執行專案的原因來思考，來補足效益分析。很簡單，推出專案不外乎兩個主要原因：解決問題，或是掌握機會。

**我們想用這項專案解決什麼問題？** 舉例而言，1990年代展開的盧安達和解專案，目的是要解決圖西族人（Tutsi）和胡圖族人（Hutu）間長年戰爭導致的問題。

**我們想用這項專案掌握什麼機會？** 舉例而言，波音777客機專案的目的，是掌握商業航空市場的巨大機會。航空公司的客戶想要更寬廣的飛機機身、有彈性的內部配置、短程至洲際航程的飛行能力，而且營運成本要低於現有機型。

如果你無法輕鬆且清楚的回答其中一個問題，就應該克制，先別急著推出專案，改做更多的研究，直到找到更扎實的支持理由。

專案應該有清晰的理由，以及至少一項SMART目標（見下文說明）。每一項專案應該有至少一個明確、好記以及與最終目的相關的目標，理論上，效益分析中應該有目標說明，但現實中，往往遭到無盡的資訊稀釋。對於採用SMART原則的專案而言，目標是必要的條件。許多專案經理談論專案將產生的產品或交付的成果，例如新軟體、新平台、擴張計畫、新公司價值、改組、數位轉型等，這些全都很乏味，無法激起組織或人們執行這項專案的欲望。

不過，要強調的一點是，不應該過度樂觀看待執行專案的理由與專案的重要目標，或是以錯誤的假設為根據，專案經理及發起人必須確保目標能符合實際，或者，更好的是，目標富有挑戰性，但依然可以達成。

### 📁 應該思考的重要問題

• 這項專案是否有明確的商業證據和清晰的原因？
• 這項專案是否有明確的目的和至少一項可量化的目標？

### 📁 好用的工具

**SMART 目標**：1981 年 11 月號的《管理評論》（*Management Review*）中刊登喬治・朵蘭（George T. Doran）撰寫管理目標與目的的 SMART 方法〉（There's a S.M.A.R.T. Way to Write Management's Goals and Objectives）[72]，SMART 目標從此成為必要的工具，能幫助人們聚焦在真正重要的事，避免注意力分散。成功的專案至少需要一項清楚說明的目標，SMART 是下列五項要素的字首縮寫：

- **明確具體**（Specific）：說明專案是由「誰」做「什麼事」
- **可衡量**（Measurable）：聚焦在這項專案會產生「多少」成果
- **行動導向**（Action-oriented）：引發實際行動來達成專案的目標
- **相關而必要**（Relevant）：確實完成專案的目的
- **有截止期限**（Time-based）：有時間規定，指出要在什麼時間完成專案目標

甘迺迪總統的登月專案是 SMART 目標的代表，甘迺迪總統想要在 1960 年代結束之前，讓美國成為第一個把太空人送上月球的國家。

### 📁 確保專案成功的方法

沒有清楚證據的理由、沒有說明目的，也沒有明確目標，這樣的專案不太可能成功。釐清專案的目的與效益，不只是決定要不要投資這項專案的重要根據，也將

成為號召、激勵團隊成員與整個組織支持這項專案的重要驅動力。

## 目的與熱情

除了理由，專案也應該連結到更高階的目的。吉姆・柯林斯（Jim Collins）和傑瑞・薄樂斯（Jerry Porras）在《基業長青》（*Built to Last: Successful Habits of Visionary Companies*）[73] 中對「目的」（purpose）提供一個滿實用的定義，我們可以把這個定義改寫如下：

> 專案的目的是專案存在的根本理由。有成效的目的反映人們有多重視這項專案（也就是說，目的能夠符合他們理想的動機），甚至觸及賺錢之外、更深層的理由。

熱情是種強烈的感受，是對某個東西有種情感連結，或是對某個東西有堅定的信仰；當你對某個東西投入的心力比需要投入的心力還多時，就展現出熱情。熱情不只是熱衷或興奮，熱情是化為行動的想望，意圖達成更宏大崇高的東西。熱情和目的密切相關，如果熱情

與目的相契合，專案幾乎十拿九穩會成功。剛左型
（gonzo）*新聞工作者暨小說家杭特・湯普森（Hunter S.
Thompson）曾說：「任何能使你熱血奔騰的事，大概都
值得去做。」

　　人有強大的力量，當從事的專案符合自己的目的與
熱情時，就能有超乎想像的表現。最優秀的專案領導人
知道可以透過執行專案工作者的熱情挖掘他們的潛力。
而且，最棒的是，我們未必要擅長某件事才會產生熱
情；賈伯斯並不是世界上最傑出的工程師、業務員、設
計師或企業家，但在這些領域他都很擅長，而且，他的
目的與熱情驅動他把事情做得好還要更好。相反的，如
果欠缺對專案的信念，會很快擴散影響到整支團隊。

　　策略執行權威傑榮・迪弗蘭德（Jeroen De Flander）
指出，熱情是啟動一切的情感連結[74]，成功的策略家首
先得觸動人心。

---

* 一種特殊的新聞撰寫風格，文風主觀狂烈，目的在創造震撼激奮
　效果，而不是提供客觀資訊。

📁 **應該思考的重要問題**

• 這項專案能連結到怎樣的情感？
• 什麼東西能夠驅動人們自願參與這項專案並做出貢獻？

📁 **好用的工具**

**選擇目的：**定義專案的目的是為了釐清並確認所有人有一致的目的，目的不應該是花俏的詞彙，必須真誠、感覺有意義。下列問題可以幫助你決定專案的目的：

• 這項專案為什麼很重要？
• 如果不執行這項專案，會損失什麼機會？
• 這項專案對誰最重要？發起人、專案領導人，還是所有人？
• 讓人願意為了這項專案貢獻寶貴時間、精力與熱情的原因是什麼？

此外，還有一種更簡單的方法可以找出專案的目的：詢問「為什麼要做這項專案？」通常，你必須問這個問題五到七次才能得出最根本的答案。找出執行這項專案的真正理由後,接著要問「什麼時候完成?」以及「要花多少錢?」如果你沒辦法具體回答這些問題,我強烈建議你別啟動這項專案。

**思考下列問題,來辨認出大家對這個專案的熱情:**

- 這項專案有情感因素嗎?
- 讓這項專案重要且獨特的原因是什麼?
- 十年後,大家會記得與這項專案有關的哪些事情?
- 哪些層面能吸引大家自願參與,並且為這項專案做出貢獻?
- 這項專案的熱情是否跟專案的目的一致?

**發展及分享故事:**傑榮・迪弗蘭德告訴我:「說故事能讓訊息更具有黏著力,用故事包裝訊息,聽眾記住訊息的可能性會增強為 20 倍。」[75] 說故事能把資訊放進人們能夠理解的脈絡裡,而且還可以促進情感連結,迪弗蘭德說:「說故事能觸動人心」。善用故事(包括專案故事)的另一個優點是,你不需要發明故事,只要找出

適當的故事。知名商業哲學家安德斯・英賽特（Anders
Indset）曾告訴我：

> 貝佐斯（Jeff Bezos）不用 PPT 簡報，他會藉
> 著說故事來吸引大家注意，使人們能夠理解重
> 點，試著想像如何解釋這個東西。這是專案的
> 成功之道，我非常相信說故事的功效。[76]

### 📁 確保專案成功的方法

　　心理學家做過很多研究，探討正向思考與「成功信
念」可能對人們產生的影響。事實上，成功是一種自我
應驗的預言（self-fulfilling prophecy），當我們期望成
功的時候，自然會動員內部資源去完成期望，而且這個
機制完全不需要理性認同才能運作。此外，當其他人相
信我們的時候，這種自我應驗的預言效果會更加強烈。
因此，專案領導人應該營造正面的環境，頌揚成功，淡
化專案的困難，藉此在團隊中建立樂觀的精神與態度。
我們需要別人對我們有信心，我們才能對自己有信心。

# 領域 2：是誰？

「是誰？」的領域跟專案的發起人與治理方法有關，探討的是專案的權責分派。組織或企業裡有負責營運的執行長，專案也要有發起人扮演這個角色，他們是最終要負起全責的人。但是，我們往往沒有理解這個角色對專案成功的重要性，也沒有徹底實踐這個角色的功能。在專案的一開始時，建立明確的治理架構也很重要。

## 專案發起人

許多專案開始以後，都沒有決定誰是最終要為專案成敗負責的人。由於專案通常涉及許多部門、事業單位、地區或國家，往往形成「一起扛責任、一起擔任發起人」的狀況。結果，許多主管覺得自己有責任，卻沒有一位主管實際負起責任，推動專案執行。

許多專案並沒有刻意挑選發起人，因為這個角色往往被視為只具備象徵性，而且通常代表權力：「擔任愈多專案的發起人，權力愈大。」這是導致專案失敗最常見的錯誤之一。

組織必須了解，在任何專案中，尤其是策略性與跨領域的專案，發起人是最重要、影響最大的一個角色。

圖 5-4　專案規劃圖，領域 2：是誰？

| | 是誰 | |
|---|---|---|
| **理由與效益**<br>我們為何要做這項專案？<br>這項專案的期望效益是什麼？ | **專案發起人**<br>誰要為這項專案<br>的成敗負責？ | **治理方法**<br>誰負責什麼工作？ |
| **目的與熱情**<br>這項專案能夠鼓舞人心嗎？ | | |
| **範疇**<br>這項專案會產生什麼結果、達<br>成什麼目標？ | **風險管理**<br>是否已經辨識重<br>要風險？<br>有其他計畫嗎？ | **人力資源**<br>需要哪些技能？<br>如何保持團隊士氣？ |
| **時間**<br>這項專案何時完成？ | | **利害關係人**<br>重要與受影響的各方<br>人物支持這項專案<br>嗎？ |
| **成本**<br>這項專案要花多少成本？<br>需要投入多少（內部／外部）<br>資源？ | **採購**<br>如何管理外包人<br>員？ | |
| **品質**<br>如何確保成果符合品質標準？ | | **變革管理**<br>如何促使利害關係人<br>投入，如何移除變革<br>阻礙？ |

其中左側標示：為何／什麼、如何、何時

**專案導向的組織：文化、組織架構、優先順序，職能**
我們的組織與文化已經做出必要調適，要在專案導向的
世界中獲得成功嗎？

何處

專案愈複雜，發起人的角色就愈重要，也需要投入愈多時間。

有次我和一家大型全球電信公司的執行長交談時，他直率的承認：「我目前是 18 項專案的發起人，其中 5 項我會投入時間追蹤，支援專案領導人與團隊，擔任指導委員會主席。這 5 項專案的執行情況比另外 13 項同樣擔任發起人、但沒有投入任何時間的專案有更好的表現。」

我們來看看下列發起人的例子。2007 年 8 月 6 日在布魯塞爾和烏特勒支市舉行的富通銀行股東會上，超過 90％的股東投票支持富通銀行參與歐洲金融史上最大的一項收購案：富通銀行、蘇格蘭皇家銀行與西班牙桑坦德銀行共同出資 719 億歐元（大部分是現金）收購荷蘭銀行。2008 年 10 月 3 日，受到金融危機打擊，再加上參與荷蘭銀行的收購案，富通銀行因為財務困境而破產。獲得比利時政府的緊急紓困後，富通銀行在比利時的銀行業務低價出售給法國巴黎銀行，在荷蘭的保險業務與分行遭荷蘭政府收歸國有後，併入荷蘭銀行。

富通銀行瓦解之前，執行荷蘭銀行收購專案的 14 個月期間，富通的執行長尚保羅・沃特隆只現身阿姆斯特丹兩次。瓜分和整併被收購的荷蘭銀行是巨大的挑戰，而且面臨高度的抗拒，需要快速的決策流程。富通銀行執行長的缺席，被舊荷蘭銀行的主管與員工視為弱點加以利用，不只不支持三家銀行瓜分荷蘭銀行的流程，也不提供客戶資料等重要資訊，導致專案在緊迫的截止期限下無法推進。必須快速決定的重要決策（例如派任管理階層）被延宕好幾個星期，有時甚至推遲好幾個月。結果，最重要的策略行動方案欠缺來自高階主管的支持與參與，成為失敗的一項主因，股東價值損失超過 200 億歐元。

### 📁 應該思考的重要問題

- 這項專案是否已經任命發起人？
- 發起人是否願意並能投入足夠的時間來推動專案成功？（對策略性專案而言，發起人必須視專案階段投入 20 ～ 40％的工作時間。）

### 📁 好用的工具

**檢查清單：如何挑選適任的發起人**

就多數專案而言，發起人是根據專案的源起自然選出的，但有一些標準可以幫助你選出適任的發起人：

- 能從這項專案的結果獲得最多利益的人
- 掌控財務與資源預算的人
- 在組織中的位階夠高，能作出預算決策的人
- 願意並能每週至少投入一天支持專案的人
- 最好是了解這項專案各種技術層面的人

**檢查清單：發起人的職責**
- 確保專案的策略相關性
- 為專案建立資金核放流程
- 爭取利害關係人支持
- 化解爭議並作出決策
- 聯絡得上，而且平易近人，可以隨時支援專案領導人
- 參與定期檢討會議
- 擔任指導委員會主席
- 不吝提出鼓勵與讚賞
- 支援結案檢討會議
- 為專案成敗負起最終責任

　　《哈佛商業評論》的文章〈如何成為有成效的專案發起人〉（*How to Be an Effective Executive Sponsor*）對這個角色期望的權責提供很好的洞察。[77]

### ■ 確保專案成功的方法

　　任命最合適的專案發起人，一項專案只任命一位發起人，絕對不要任命好幾位發起人。發起人要為專案成果負起責任，專案應該成為他們的優先要務。

## 治理

　　專案發起人與專案經理應該界定專案的治理架構，專案治理架構會反映在專案組織圖（project chart）上，能界定各種職責角色與決策單位。

　　專案中最重要的一個單位是指導委員會，由發起人擔任主席、專案經理主持，指導委員會的成員與開會的頻率，往往決定這項專案對組織的重要性。我曾經參與一項整合兩家歐洲銀行的專案，它的指導委員會由執行長擔任主席，每天下午五點開會討論合併進度，可想而知，這對組織構成多少壓力。對我們所有專案人員來說，這顯示這項整合專案是組織的第一優先要務，我們必須天天都有進度。反觀我參與過的另一項專案,指導委員會每三個月開一次會,而且,多數高階領導人缺席會議,因為他們有其他優先要務。此外,那些參與會議的高階領導人根本不記得這項專案的內容,所以銀行整合專案非常成功,這項專案則是完全失敗。

專案治理的第二項要素是專案的核心團隊,這些人(以及他們所屬的團隊)將大部分工作時間投入在設計、規劃與開發專案的解決方案和成果。為專案提出貢獻的所有部門(包括顧問與外包商)應該至少派一個人加入專案核心團隊,由專案經理負責協調與督導核心團隊的活動和進度。我建議每週召開一次核心團隊會議,當專案遭遇問題或更接近重要里程碑的時候,還要增加開會頻率。

高階主管必須注意專案面臨的三種組織挑戰,並強力的治理:

- **團隊成員往往未充分投入專案,另有其他職責:**
  舉例而言,一位主要職務是維持網站運作的 Java 程式語言開發專家被要求加入數位化轉型專案,但職責並未調整。因此,她只能在例行工作之外

撥冗參與這項策略性專案。未能充分投入之下，
會影響專案的執行速度。

- **團隊成員有專案以外的主管部屬關係（reporting
  line）：**舉例而言，某公司的法務專家參與公司
  為遵從歐盟的「一般資料保護規範」（General
  Data Protection Regulation）而推動的專案。這
  項專案由公司的副總裁領導，但這名法務專家沒
  有出席每週的專案團隊會議，副總裁試圖說服她
  出席會議，然而她並不屬於這位副總裁管轄，也
  不覺得必須聽從副總裁的指示。

- **各部門的目標不同，還經常被看得比專案目標更
  重要：**舉例而言，某公司的審計師被要求參與製
  作涉及全公司大型專案的效益分析。但他的直屬
  主管（公司財務長）有壓力要完成年度財務報表。
  這是財務部的重要目標，因此，儘管這項專案的
  效益分析需要很緊急的完成，仍然得仰賴財務長
  的合作意願，專案才可能及時完成。

沒有強力的治理，組織的慣性會使專案費盡心力才
能取得資源與關注，甚至可能導致專案延遲，最終失敗。

為應付這些組織力量，高階主管必須在支持專案、

提供完成專案所需資源與時間方面扮演重要角色。因此，大型跨領域專案的一項成功要素是，高階領導人依照組織架構圖承擔指導委員會的責任與義務，以及專案核心團隊和各單位參與者的貢獻。

### 📁 應該思考的重要問題

- 是否已經設立專案的指導委員會，包括訂定委員會開會的頻率？
- 是否已經成立專案核心團隊，包括訂定核心團隊的開會頻率？
- 派任與挑選的成員是否承諾會參與專案，為這項專案作出貢獻？

### 📁 好用的工具

**檢查清單：以最好的方式設立與運作指導委員會**

- 這項專案是否需要大量的投資，而且會影響組織大多數部門（或整個組織）、地區與國家？
- 是否已經確認這項專案需要的資源、部門、供應商與夥伴等？涉及總預算達 10％以上的單位都應該派員參與指導委員會。

- 指導委員會中，掌控預算（資源、資本等）的代
  表委員，是否有足夠的決策權？
- 這項專案需要多少動能與壓力？需要的動能與壓
  力愈高，指導委員會的開會頻率應該愈高。

**使用責任分派矩陣（Responsibility Assignment Matrix）[78] 來反映出誰要做什麼事：**這是一個簡單的工具，能把專案與核心團隊的重要活動和各種角色交叉配對，這項工具考慮的是：

- 誰該**負責**執行什麼活動
- 誰是活動的最終**負責人**
- 必須**諮詢**哪些人或團體（部門、單位等）的意見
- 必須**告知**哪些人或團體（部門、單位等）

### 📁 確保專案成功的方法

建立一套堅實的專案治理架構，藉此確保組織對專案的承諾與投入。必須清楚劃分角色與職責，確保所有提供貢獻的人與核心團隊知道自己扮演的角色，以及需要他們的團隊投入多少時間與資源。

最後，指派適當階層的決策者，也就是高階主管
（通常是掌控預算的負責人）進入專案指導委員會，並
決定委員會的開會頻率。指導委員會至少應該每個月開
會一次，就策略性專案來說，至少應該每兩週開會一次
來創造動能。指導委員會開會的頻率愈高，產生的壓力
愈大。

## 領域 3：什麼、如何、何時？

「什麼、如何與何時」涵蓋構成專案的基本要素，
可以區分為技術和人員性要素。這些要素是專案的根
本，包含硬體層面（定義、設計、計畫、里程碑、成
本、風險與採購），以及軟體層面（激勵、技巧、利害
關係人、變革與溝通）。適時且深入處理這些層面會使
專案成功的可能性提高。而且，其他三個領域必須由組
織高層處理，這個領域所涉及的根本層面則是專案領導
人的職責。

### 範疇

了解並贊同專案的內容與產物，也就是「範疇」

圖 5-5　專案規劃圖，領域 3：什麼、如何、何時

| 是誰 | | |
|---|---|---|
| **理由與效益**<br>我們為何要做這項專案？<br>這項專案的期望效益是什麼？ | **專案發起人**<br>誰要為這項專案<br>的成敗負責？ | **治理方法**<br>誰負責什麼工作？ |
| **目的與熱情**<br>這項專案能夠鼓舞人心嗎？ | | |
| **範疇**<br>這項專案會產生什麼結果、達成什麼目標？ | **風險管理**<br>是否已經辨識重<br>要風險？<br>有其他計畫嗎？ | **人力資源**<br>需要哪些技能？<br>如何保持團隊士氣？ |
| **時間**<br>這項專案何時完成？ | | |
| **成本**<br>這項專案要花多少成本？<br>需要投入多少（內部／外部）<br>資源？ | **採購**<br>如何管理外包人<br>員？ | **利害關係人**<br>重要與受影響的各方<br>人物支持這項專案<br>嗎？ |
| **品質**<br>如何確保成果符合品質標準？ | | **變革管理**<br>如何促使利害關係人<br>投入，如何移除變革<br>阻礙？ |

為何 ｜ 什麼、如何、何時

**專案導向的組織：文化、組織架構、優先順序，職能**
我們的組織與文化已經做出必要調適，要在專案導向的
世界中獲得成功嗎？

何處

（scope），是做專案管理的理由之一。有人使用「範疇」這個詞，也有人用「說明」、「詳細必要條件」、「設計與功能」等詞彙。為了正確估計專案的成本、時程、計畫與效益，範疇是最重要的要素。雖然有各種工具可用來判斷專案的成果，但這仍然是最困難的一項工作。

根據專案的類別，在專案的早期階段，確實有機會清楚定義專案的範疇，例如物業開發計畫；但也有專案在一開始並無法明確決定範疇，例如數位轉型計畫。因此，專案在一開始預估的時程與成本大多不正確，基本上，當專案的範疇模糊不清時，時程與成本的預估會完全錯誤。

另一個常見的挑戰是，縱使在專案一開始詳細定義範疇，在專案的生命週期中，範疇很可能改變，形成「範疇潛變」（scope creep）*。這會影響專案的時程、成本、計畫與效益。專案範疇改變得愈多（也就是專案的設計、要求條件、功能、特色與特性的改變），根據原計畫成功完成專案的挑戰性愈高。

---

\* 專案範圍不受控制的變化或持續擴增，通常會導致負面影響。

### 應該思考的重要問題

• 已經清楚定義這項專案的範疇了嗎？你明確知道這項專案的成果會是什麼嗎？用 0 ～ 100％來衡量，你多確定這項專案的範疇不會改變？

• 有沒有一套處理專案範疇改變的明確流程？

### 好用的工具

**BOSCARD 架構：** 由凱捷管理顧問公司（Cap Gemini）1980 年代推出的架構，能幫助界定專案的範疇。這套架構思考並回答下列七個問題：

1. **背景（Background）：這項專案的背景是什麼？** 描述相關事實，以顯示這項專案執行的環境、政治、商業與其他背景脈絡。

2. **目的（Objective）：這項專案的重要目的是什麼？** 說明專案的目標，了解執行這項專案的理由（「為何」）。

3. **範疇（Scope）：這項專案會執行哪些解決方案？** 說明這項專案會有什麼發展，並且把各階段區分成里程碑。說明將投入哪些資源，又有哪些外部夥伴（如果有外部夥伴的話）。

4. **限制（Constraints）：專案會遭遇哪些重要限制？** 規劃這項專案時，說明需要應付的重要挑戰與阻礙因素。

5. **假設（Assumptions）：專案有哪些主要的假設？** 說明定義這項專案的理由、目的、計畫與預算時，使用哪些重要假設。如果將來假設改變了，或許可以作為重新商議專案的正當理由。

6. **風險（Risks）：可能導致專案失敗的風險有哪些？** 有什麼風險可能突然出現，影響我們實現這項專案的目的，把它們列出來。此外，可能影響這項專案時間軸與財務的風險（例如稅負與其他交易成本）也列出來。

7. **交付成果（Deliverables）：專案想達成什麼成果？** 敘述這項專案將產生什麼重要成果，這些成果彼此之間有什麼關連，以及它們和專案目的有什麼關連。

回答這七個問題，就能釐清專案應該要做什麼、不要做什麼，並且能夠和專案的發起人與重要利害關係人坦率討論專案的範圍。

## 確保專案成功的方法

在專案的一開始召集重要的利害關係人和參與者，一起界定專案的範疇，盡可能詳盡描述，並達成一致的意見。別害怕多花幾天去處理重大的不確定性因素，在界定範疇階段多花一星期，未來會節省很多時間。如果在執行階段因為不確定性因素導致計畫改變，可能讓專案延遲更久，甚至可能造成整個專案失控。

## 時間

班傑明・富蘭克林（Benjamin Franklin）的名言：「時間就是金錢」，對專案而言是絕對的真理。時間是專案最重要的一項因素，如果不明確、堅定、正式並公開宣布專案的截止日期，專案很可能會比原定計畫延遲完成。專案延遲代表的除了會產生額外的成本，也會使好處與預期收益減損，這對專案的效益將造成巨大的負面影響。沒有截止日期的專案就不該視為專案，最好稱它是個實驗、是個探索，或是例行的商業活動。

奧運、世足賽和世界博覽會都有明確的截止日期的大型專案，而且在多年前就宣布。這些專案的執行狀況因為工作方法和各國的文化差異而明顯有別：有些提前完成（如 2012 年倫敦奧運），其他則是及時完成（如 2016 年里約奧運）。但神奇的是，儘管遭遇種種挑戰，儘管處理專案的方法不同，奧運總是會在訂定好的日期準時開幕！

　　不過，在之後的章節我們會看到，專案的另一個問題是，專案執行人員通常都有其他職務占用大部分的心力，讓他們很難完全投入專案工作。因此，必須訂定時程與截止日期來幫助人們專注，並藉此施加一些壓力，以求完成專案工作。

　　有一個很好的例子可以說明訂定專案截止日期的巨大力量，那就是登月計畫。當甘迺迪總統在 1961 年 5 月宣布他的宏大夢想時，訂定一個明確的截止日期：「1960 年代結束之前」。這個截止日期深植在人們的心中，促使他們團結合作，達成艱巨的夢想。訂定截止日期是登月計畫成功的最大因素之一，沒有這個截止日期，說不定人類迄今還沒達成登陸月球的壯舉呢。阿波羅 11 號登月小艇（Apollo 11 Lunar Module）在 1969 年成功登月，總計花費 254 億美元，迄今仍是人類史上最昂貴的專案之一[79]，也是人類最偉大的成就之一。

　　時間因素在專案中具有獨特的地位。專案剛開始的第一週和最後一週感覺大不相同，愈接近截止日期，人們愈緊張，也愈容易犯錯。因此，專案領導人的角色類似管弦樂團的指揮家，他們必須掌握專案的節奏、訂定執行過程中的一些截止日期。

　　Google 眼鏡（Google Glass）專案會失敗，最大的一個問題是 Google 沒有為這項專案建立動能，也沒有明確訂定這項產品的正式推出日期，消費者既不知道這項產品的上市日期，也不知道能夠在哪裡買到這項產品。當 Google 公開銷售 Google 眼鏡時，共同創辦人賽吉·布林（Sergey Brin）還建議把它視為最終產品，但實驗室裡所有人都知道，這項產品其實更像還需要進行很多修改的原型。Google 應該向蘋果公司學習如何運用公開發表日，為新產品創造話題，引起注目。

### 📁 應該思考的重要問題

• 這項專案是否有明確的截止日，而且所有人（包括外部利害關係人）都知道？

• 這個截止日是否務實，有可能做到嗎？

## 好用的工具

**由上而下與由下而上的規劃：**要為計畫建立務實的截止日，最好又最正確的方法是，首先由高層初步決定完成專案的最佳時間點（例如產品推出日期或開幕日），接著把專案分解成各項活動之後，再由下而上規劃，評估初步決定的截止日是否務實、是否可以達成。如果經過由下而上的規劃與評估後，認為在截止日前完成有困難，就要思考能夠幫助在截止日前完成的辦法，例如增加人力資源、平行作業，或是以分階段的方式執行專案。此外，也可以對專案團隊施加壓力，把截止日提前5～20%。為了維持專案的動能，每隔大約三到六個星期就設定一個中間截止日（或里程碑），而且執行期間不能超過三到六個星期，因為時間一長，人們很可能拖延到接近截止日才開始趕工，反而會危及最後的專案品質。

## 確保專案成功的方法

每項專案都要有明確的截止日期，高階主管團隊必須針對最重要的專案與策略性專案訂定完成期限並正式公開宣布。這樣，人們才會時時牢記專案截止日，達到

必要的聚焦，幫助他們決定如何分配時間。明確的專案
截止日能創造專案成功所需要的壓力。

## 成本

專案的預算多半來自專案所需資源投入的時間，主
要包括投入專案工作的人員，以及為專案訂定範疇時需
要的其他投資（顧問、原物料、軟體、硬體等）。在傳
統的專案管理中，時間、範疇與預算構成三大限制條
件，沒有預算，就沒有專案。

就像我之前說的，能否正確預估預算，取決於範疇
的定義與穩定性。

在年度預算與資源分配週期中，組織通常有兩種預
算：資本支出與營業費用。資本支出（capital expendi-
ture，簡稱 CAPEX）會全數分配給大型投資專案，讓專
案執行更容易；營業費用（operational expenditure，簡
稱 OPEX）通常比較高，會用於組織經營運作的資源。
組織最常遭遇的兩個挑戰是，專案能否取得來自營業費
用的預算，以及營運活動和專案活動之間的資源分配。

為了確保專案成功，關鍵之一是投入足夠的資源。

有些專案幸運獲得無上限的預算，有助於取得更多

資源，促進專案能成功執行。這些專案通常由高階領導人或政府高層發起與支持，過去十年，中東地區一些雄偉建築就屬於這類專案，例如目前的世界第一高樓、高828公尺的哈里發塔，就是由杜拜酋長支持、擔任發起人。哈里發塔的興建過程沒有遭遇任何預算方面的問題，這棟建築在2004年動工，外部結構在五年後完成，整棟大樓2010年完工啟用。

不過，預算無上限並不能保證專案會成功，如果缺乏專案規劃圖中一些要素，專案還是有可能失敗。歐巴馬政府的健保入口網站就是一個顯而易見的例子，網站在2013年10月1日開站當天就當機，讓政府聲譽大大受損。然而，建置這個網站的專案並沒有預算限制。

📁 **應該思考的重要問題**

• 這項專案提撥的專案預算有沒有經過仔細估算？
• 如果發生超支的情形時，這項專案的預算能夠吸收嗎？

📁 **好用的工具**

**由上而下與由下而上的預估預算：**必須注意的重點

是,大部分的專案成本是執行專案活動的團隊人員(人力資源)投入的時間。最好、最正確的預算訂定方法是,首先由高層辨識潛在可動用的預算,並檢視以往類似專案的成本,初步為這項專案估計總成本數字(**由上而下**)。等到把專案分解成各項活動之後,再**由下而上**的估計每項活動的成本。

就像規劃專案一樣,進行成本預估時,必須讓專案的主要參與貢獻者一起參與。因為有些專案活動將由外部單位執行,他們也必須提供成本預估。此外,有些活動或額外成本可能在專案完成後才會發生。把所有活動的成本加總起來,才可以正確的綜觀專案需要的總投資金額。大型專案通常得加上一筆應急預算,以應付意料之外的費用,這筆預算金額通常是總預估成本的 5 ～10%。把由下而上的預估成本拿來和由上而下估計的成本比較,檢視兩者之間是否有巨大的落差,如果有,就代表這項專案有重要的預算限制,此時應該考慮縮減專案範疇,甚至重新評估是否要執行這項專案。

### 📁 確保專案成功的方法

專案預算直接取決於專案範疇與完成專案的急迫程

度，專案範疇愈詳盡，預算愈固定，愈容易估計金額。
為了降低預算超支的風險，絕對不要在專案一開始就撥
出全部的預算，而是應該把預算切分成好幾份，每一季
檢討專案執行狀態與預算花費的情形，如果專案仍然符
合原先規劃，再撥出下一份預算；如果專案出現嚴重的
問題，就別管沉沒成本（sunk cost）了，務必認真考慮
中止專案。

## 品質

　　確保專案成果的品質符合期望，是專案管理不可或
缺的一環，但是這一點常遭到忽視，或是不被重視。專
案團隊往往聚焦在執行上，把品質留到最後一刻，但是
這個時候才來修正專案往往最花錢。

　　確保專案品質符合想像或超越期望是專案經理的職
責，專案的品質不好，就應該認真考慮中止。

　　有些專案會要求成果必須通過正式且重要的品質檢
驗，才能開始商業化生產，許多基礎建設、生產、生命
科學與工程專案，都設有這種檢驗關卡。

　　IT 專案普遍會進行使用者測試與其他模擬，以確保
最終產品符合組織的需求。傳統作業流程中，新系統測

試總是留到專案最後才進行，於是往往衍生出更多工作，拖延專案時程。現在，在敏捷開發的方法下，IT 專案幾乎每週都會進行品質查核。

　　蘋果公司最大的一個長處是能讓產品看起來、感覺起來簡單就能上手使用，但是，設計與打造 iPhone 可絲毫不容易，它的發明人說，過程經常讓他們傷透腦筋。不管是什麼東西，賈伯斯都要看示範，光是一個設計元素，例如 iPhone 上的一顆按鍵，設計師往往得打造多達 50 次的原型，直到符合賈伯斯挑剔的品質標準。[80]

### 📁 應該思考的重要問題

- 是否已經訂定期望的專案品質與驗收標準？
- 是否定期檢查專案品質，包括確認終端客戶與利害關係人的反饋？

### 📁 好用的工具

　　**品質保證與品質控管：**成功的專案需要具備品質保證（quality assurance）與品質控管（quality control），這兩種概念密切相關，但還是有差別。品質控管是用來查驗專案的成果品質[81]，品質保證則是品質的管理

流程 [82]。

簡單來說，就是確保專案有一套流程或方法，可以檢驗專案的成果（不論成果指的是產品、系統、橋樑、手機或飛機等），而且，專案中包含定期的品質檢查、原型打造與測試時程。

### 📁 確保專案成功的方法

品質必須內建在專案的生命週期裡，而且要有內部與（或）外部的品管專家參與，並且確保他們能投入時間在你的專案上。專案中必須包含品質檢查、原型打造、測試與演練等，此外還要提出報告。愈快發現最終產品中的潛在變異與瑕疵，對專案進度、預算與時程的影響愈小。

### 風險管理

風險管理是專案管理中最重要的方法，也是專案經理的基本職責。追根究柢，專案會失敗，是因為專案團隊沒有辨識或降低可能會導致失敗的風險。

專案的本質是要產生創新且獨特的東西，這種特性讓它具有不確定性，因此，專案管理主要的一個目的就是要管理專案的風險。如果這項專案是首次實行，尤其需要特別注意風險。

蒙地卡羅法（Monte Carlo Simulation）是一種機率模擬方法，大型專案可以藉著模擬「如果……，將……」的情境，來了解風險與不確定性的影響。這個統計學工具是波蘭核子物理學家史坦尼斯勞・烏拉姆（Stanislaw Ulam）在 1940 年發明，以著名賭城蒙地卡羅命名[83]，其中的公式能對每一種風險提供一系列的可能數值（機率數字），幫助決策與規劃。

蒙地卡羅法有許多優點，包括幫助評估專案的風險，預測失敗可能性，建立務實的專案預算與時程表。現今的大型基礎建設與資本專案仍常使用這套方法。

如圖 5-7，愈快辨識出風險與降低風險，風險對專案的影響程度愈低。太晚辨識出風險而導致高成本有個著名案例，就是法國國家鐵路公司（SNCF）在 2014 年訂購 2,000 輛新列車，然而這些新車太大，無法通過計畫中將行經的許多火車站月台。法國國家鐵路公司坦承在訂購這些新列車之前沒有進行任何測量與核對工作。結果，這項專案導致約 1,300 座火車站月台必須修改，總計花費 5000 萬歐元。[84]

圖 5-6　風險的成本：愈晚辨識出風險，成本愈高

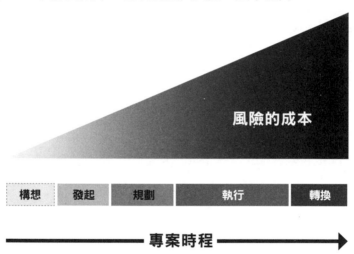

另一個常遭到忽略的評估標準是：增加專案會為組織帶來更多風險。對於已經運作過多專案的組織來說，多增加一項專案，將提高失敗風險。因為推動過多專案而導致破產的例子並不少見，富通銀行的瓦解就是最有名的例子。

📁 **案例**

風險管理也與研擬替代計畫有關。如果在重要日子有個風險影響專案要怎麼辦？如果在專案成果發表前夕

發生預料外的事情怎麼辦？還有個典型的例子是在戶外辦活動：如果活動當天下雨，有什麼代替方案？

眾所周知，第一代 iPhone 發表時，這款新手機其實還不完善，但在 2007 年 1 月的蘋果發表會上，這款新手機的使用示範在觀眾看來簡直天衣無縫。蘋果公司的專案團隊很清楚 iPhone 的風險，他們透過精細的風險管理來降低這些風險。他們研擬一套計畫：在示範中輪流使用好幾支 iPhone，每一支 iPhone 只展示一種功能（例如打電話、上網等），他們在事前多次演練，確保不會在最後一刻出現意外。儘管挑戰重重，拜風險管理之賜，那場 iPhone 發表會圓滿成功。

### 應該思考的重要問題

• 這項專案的風險多高？組織能應付嗎？
• 是否已經辨識出風險，並且降低可能嚴重影響專案的重大風險？

### 好用的工具

風險矩陣（Risk Matrix）：評估可能影響專案的風險時，最常使用的工具是風險矩陣。召集專案的主要利害關係人，舉行腦力激盪會議，辨識可能影響、甚至導致專案中止的風險。考慮每種風險發生的機率或可能性，以及每種風險影響專案的嚴重程度，用這兩項標準來定義每種風險的重要程度。這不是科學方法，而是一套簡單的機制，可以在適當的時機提高重大風險的能見度、增加控管，並且採取降低風險的行動。

　　表 5-8 是風險矩陣的範例，你可以用這個矩陣表格，辨識與管理專案的風險，評估每一種風險的發生可能性與影響程度後，填入適當的方格裡。

表 5-2　專案風險評估矩陣

| | | 影響程度 | | | | |
|---|---|---|---|---|---|---|
| | | 輕微 | 小 | 中 | 大 | 嚴重 |
| 發生機率 | 幾乎肯定會發生 | 中 | 高 | 高 | 極高 | 極高 |
| | 很可能發生 | 中 | 中 | 高 | 高 | 極高 |
| | 可能發生 | 低 | 中 | 中 | 高 | 極高 |
| | 不太可能發生 | 低 | 中 | 中 | 中 | 高 |
| | 幾乎不可能發生 | 低 | 低 | 中 | 中 | 高 |

## 📁 確保專案成功的方法

邀請專家、利害關係人與之前的專案團隊成員參與早期討論，一起找出專案涉及的重要風險。記得評估如果不執行這項專案，組織可能面臨什麼風險；也別忘了評估，如果組織投資這項專案會增加哪些風險。

有些專案會涉及幾千項風險，所以，別把風險管理流程搞得太複雜。儘管風險評估流程一開始應該藉由廣泛的討論來辨識出風險，但你仍得聚焦在最可能發生和影響程度最嚴重的風險。

### 採購

很多人以為採購和專案或專案管理無關，但採購其實是許多專案失敗的主因。在組織的營運活動上，員工具備相關的知識與經驗，能有效率的執行活動，也能提出成效；然而，專案通常涉及新穎的東西，因此，雇用外部人才以執行專案的需求明顯較高。顧問公司能為組織提供執行專案的諮詢服務與資源，由於專案是暫時性的計畫，因此在專案進行期間，雇用外部人才比組織招募內部人力更省錢。重要的專案，例如企業併購，非常需要顧問與第三方的參與，在企業併購專案中，這部分的比重往往高達整體人力資源的 30 ～ 40％。

在公家機關，採購的重要性眾所周知，政府執行的專案通常全仰賴外部資源、承包商、顧問與專家等，比重接近專案總投入資源的 100％。政府的專案經常採取公私夥伴關係（Public-Private Partnership，簡稱 PPP）的模式，以合作方式執行公部門專案。因此，公家機關需要很先進的採購實務，從評選流程到專案的執行，政府採購扮演重要的角色。公部門的採購挑戰包括：採購作業流程繁瑣，影響到靈活性，以及經費低廉，導致往往只能雇用經驗不足的顧問。

公家機關的大型專案很常陷入麻煩，許多行政單位缺乏有能力管理複雜工程專案的專家，例如，漢堡的易北愛樂廳工程過於複雜，地方政府顯然應付不來。這項工程在 2007 年動工，預定 2010 年啟用，預估造價 7700 歐元，但是，最終工程延遲到 2016 年 10 月 31 日才完工，耗資高達 7.89 億歐元。

精簡後的行政機關幾乎沒有能力有效率的控管工程專案，而監督委員會是根據政黨比例來決定成員名額，也同樣沒有能力監督專案。結果，權力與決策權落在供應商手中，他們可以取得比原先計畫高很多的利益，而這一切都由全民買單。

## ■ 應該思考的重要問題

• 這項專案有多少家外包商？
• 專案的組織架構圖與角色職責劃分是否包含重要供應
  商？
• 是否制定供應商獎懲辦法，以促進專案成功執行？

## ■ 好用的工具

**採購管理流程**：許多專案會向外部供應商採購商品
與服務，此時採購的績效將影響專案整體的績效。因
此，專案必須建立採購管理流程，用來管理向外部供應
商購買執行專案需要的商品與服務。採購管理流程應該
包括：

  • 找到最好的供應商
  • 商議最好的採購條件
  • 審查供應商的績效
  • 找出並解決供應商的績效問題
  • 向專案指導委員會溝通狀況

## 確保專案成功的方法

　　無法有效協調外部資源可能會導致專案失敗，尤其是高度仰賴供應商、顧問與承包商的公家機關專案。IT專案的失敗，例如歐巴馬的健保入口網站（見前文），往往是因為沒有好好管理外部資源。愈仰賴外部資源，專案經理就必須愈關注採購層面。專案經理通常不需要精通採購，但是專案必須做好資源需求的初步評估、還要有一套有效的供應商評選流程，也需要人力持續監督整個專案生命週期。

　　外包商的數量應該根據執行專案需要的特定職能種類決定，所以有些專案可能需要多達數百家承包商，但重點是，要確保他們有隸屬於團隊的歸屬感，並且由專案團隊監督這些承包商。

　　此外，專案團隊必須明確定義外部資源的角色與職責，以確保組織保有專案的領導權力。建議針對外部參與者訂定獎勵辦法，鼓勵他們持續為專案投入，並且在預算內達成符合規定的成果。

### 人力資源

　　現在的專案經理也必須扮演專案領導人的角色，尤其是那些比較複雜的跨部門專案，需要從組織各個單位或部門取得資源，改變舊有的現況。事實上，我們可以這麼說：最優秀的專案經理是領導人，是企業家，也是專案的執行長。

全球排名第一的主管教練馬歇爾‧葛史密斯（Marshall Goldsmith）告訴我：

> 高階主管往往把專案經理視爲技術專家，做的是非常戰術性的工作，只聚焦在挑戰專案的細節層面。現代的領導人正朝向引導的角色演進，我指導過最優秀的執行長都是傑出的引導者，因此，未來的專案經理必須變成專案領導人，擅長引導，而非純粹的技術專家。[85]

過去數十年，我們已經看到專案管理側重的領域從硬體技巧（範疇、規劃、時程安排、成本效益估計），轉向軟體技巧（領導、利害關係人管理與溝通）。優秀的專案經理能夠在組織內奔走、激勵團隊，以及向重要利害關係人推銷專案的好處，還能在預算內準時達成專案範疇定義的成果。成功的專案經理還需要具備其他的技巧，包括：

- 了解專案的策略與商業層面
- 影響並說服所有層級的利害關係人
- 領導一個矩陣型組織
- 創造一支由一群個別工作者組成的高績效團隊
- 提供反饋並激勵專案團隊
- 監督專案工作的進展

不幸的是，優秀的專案經理很少見，而且，公司有許多策略性的專案，往往是由不具備必要能力的經理人領導。

挑選具備恰當技巧與經驗又能勝任的專案經理，是專案成功的要素，但許多組織沒有多加思考這個步驟，或是遴選流程不透明。另一個一再發生的問題是，專案常被視為高潛力經理人的發展機會，他們掌管大型策略性專案兩年，目的是接觸公司的領導高層，在此同時，他們開發出非原部門所需要的互補技能。問題是，他們不把專案視為長期職業生涯的發展途徑，因此，他們對專案管理不感興趣，也不想更深入學習。於是，在不了解專案成功必備的工具與方法之下，他們掌管專案時將陷入困難。

另一個要考慮的層面是專案人員的配置。專案需要人來執行，確保組織有具備適當的技能、專長與經驗的人員可以執行專案，是管理高層的基本職責。但令人驚訝的是，許多組織推出專案之前，從來沒有檢視過內部是否有符合能力與經驗的人才。

如果組織內部缺乏適當的人力資源與職能，可以透過訓練來發展，或是向外招募。通常，最優秀、最有經驗的人員（例如軟體開發師）已經在做其他工作與專案了，要是組織沒有妥當規劃他們在各項工作與專案之間的時間與心力，專案將遭遇困難。缺乏人力資源會造成專案執行延遲，也常導致專案失敗。

除了是否具備所需的人力資源，專案團隊的投入程度是另一個重要的層面。前文曾提過，專案的人力資源通常有專案以外的其他職責，因此未必對專案投入足夠的心力，尤其員工被要求參與專案時，往往難以開口拒絕。（我們都曾經收到電子郵件，請求我們「好心」同意某件事，但我們其實沒有什麼選擇空間。）他們願意貢獻，通常是免費，以及（或是）犧牲部分私人時間，只是因為他們想獲得一些漂亮的經驗。

高層通常會要求專案經理花很多時間撰寫詳盡的專案進度報告，其實，**想評估專案的健康狀況，有個快速且容易的方法，那就是請專案經理回答下列兩個問題：**

**1. 你投入多少時間在這項專案上？**
**2. 你對這項專案的成功有多大的信念？**

這兩個問題最理想的回答應該是 100％，而且這將提高專案成功的可能性。不過，專案經理通常不會完全投入在單一專案上，因此，視專案而定，50％仍然可以接受，但是低於 50％會使專案失敗的可能提高，因為這代表專案的監督與管理可能相當薄弱。

### 案例

「我們要啟動一項新專案，這個專案高度機密，所以無法告訴你這項新專案是什麼，也無法告訴你要為誰工作。我能告訴你的是，如果你選擇接受這個職務，會有前所未見的辛苦程度，在打造這項產品這幾年間，你必須犧牲夜晚和週末。」iPhone 軟體部門主管史考特‧

福斯托（Scott Forstall）當年延攬專案團隊的成員時，大概是這樣向對方解釋。[86]

這支專案團隊是近年最有才氣的團隊之一，入選的人都是最優秀的工程師、最優秀的程式設計師，以及最優秀的設計師。[87]而且，他們不是只撥出部分工時參與這項專案。多數公司的策略性專案採行的標準人力資源方法是：團隊成員每週抽出一天或半天時間做專案；不，「紫色計畫」挑選的這些人全都卸下原本的職務，立刻全職投入這項專案，「紫色計畫」變成生活的全部重心。

福斯托後來解釋，賈伯斯告訴他，他可以延攬公司中任何想延攬的人加入團隊。而且，在「紫色計畫」團隊中，不僅技術人員是高品質的人才，賈伯斯也組成最優秀的領導團隊，第一位是 iPod 與 MacBook 的設計師強納生‧艾夫（Jonathan Ive，又稱 Jony Ive），負責 iPhone 的外觀設計。

### 應該思考的重要問題

• 是否已經任命一位專業的專案經理負責領導這項專案？

• 組織是否有成功執行這項專案的足夠能力與所需技能？

### 📁 好用的工具

詢問專案領導人下列兩個問題，可以幫助評估這項專案是否受到良好的管理：

- **你投入多少時間在這項專案上？**策略性專案需要專案領導人投入 100％的時間，低於這個比例可能會分心，也會降低對專案施加的壓力。專案經理往往被要求同時領導幾項專案，根據我的經驗，經理人很難同時領導超過三項重要專案，也很難在全職執行例行工作的狀況下，同時管理一項重要專案。

- **你對這項專案的成功有多大的信念？**既然知道專案充滿挑戰，如果專案經理與團隊成員缺乏堅強的信念，專案幾乎注定會失敗。負責建造波音 787 的專案經理艾倫・穆拉利（Alan Mulally）就是這種正向思維的範例。2001 年 911 恐怖攻擊事件之後，波音陷入生存困境，穆拉利在最糟

糕的情況下完成艱鉅的任務。他對專案的堅定信
念與全職投入，驅動上萬人組成的專案團隊，建
造出世界上最先進的飛機。

如果專案缺乏堅定的信念，這種心態將快速蔓延到
整個團隊。當信念與士氣明顯下滑時，專案發起人應該
要介入，藉著修正行動或換掉專案經理來重振信心。

### 確保專案成功的方法

專案剛開始的時候，管理高層必須評估組織是否有
執行這項專案的資源，以及這些人力資源能否撥給這項
專案使用。他們必須確保這項專案取得發展解決方案所
需要的人力資源與技能，也必須預期潛在的瓶頸，騰出
必要的人力資源，或是雇用外部人才與專家。

組織應該建立一套標準流程，遴選出最適合領導專
案的專案經理。這位專案經理應該具備專案管理的技術
性知識，以及必要的領導職能。

組織應該認知到，專案管理是專業的專案經理的工
作，因此，組織必須發展一套專案管理職能架構，與一
條資歷發展途徑，才能幫助專案經理在這個角色中發展

與成長。

## 利害關係人

利害關係人是受到專案影響、參與專案或是和專案成果有關連的個人與團體（單位、組織等）。通常，專案的規模愈大，涉及的利害關係人愈多，愈需要在溝通與變革管理活動方面下工夫。

多數人需要安穩才能感到安心自在，然而許多專案會改變現況，因此，總是遭遇抗拒和阻擋，尤其是那些明顯將改革組織的專案。抗拒專案的人愈多，專案愈難成功；抗拒專案的人權力愈大，專案愈難成功。專案世界有句名言：「如果你的專案失敗，一定有人非常開心，請找出這些人，了解為什麼。」另一方面，找出權力或影響力最大的利害關係人，說服他們相信專案對組織的價值，將有助於推進專案，或是爭取高階主管支持陷入掙扎的專案。

### 📁 案例

在柏林的布蘭登堡威利布蘭特國際機場的興建專案中（見第一章），重要的利害關係人包含布蘭登堡邦、德國聯邦政府、柏林市長、航空公司、乘客、工作人員、柏林市民，以及柏林其他兩座機場：泰格爾機場和施內費爾德。我們可以假設泰格爾機場和施內費爾德的一些重要利害關係人，並不介意布蘭登堡機場專案嚴重延遲，甚至繼續延遲。

利害關係人愈多，專案愈複雜，愈需要在溝通與變革管理方面下工夫。此外，挑戰現況的專案往往會遭遇相當大的阻力。

在這個案例中，清楚辨識重要的利害關係人，可以幫助專案團隊了解利害關係人的需求，以及在這項專案中的利益。任何專案中遭遇的阻力太強，很可能是執行專案的理由不夠清楚，為了打造說服力，專案的理由必須處理受到專案影響的人與團體的需求。某些情況下，如果重要的利害關係人不夠相信或支持專案，最好延後或不啟動專案，柏林的布蘭登堡機場就是一個好例子，在還沒有取得重要利害關係人的充分支持之前，不應該開始這項工程。

### 📁 應該思考的重要問題

• 這項專案有多少利害關係人？

• 你可以辨識出可能毀掉這項專案的任何重大阻力嗎？

📁 **好用的工具**

　　**利害關係人分析矩陣**（**Stakeholder Analysis Matrix**）：這個矩陣最常用來衡量受到專案影響的人或專案參與者的利害關係。為了達到專案的目的，需要盡可能處理他們的需求。與專案風險評估會議不同，利害關係人分析會議不應該召集一大群相關人士，而是必須維持小群體的會議，因為有些討論可能相當敏感。

　　利害關係人的初步評估，通常是由專案領導人和發起人在專案的準備階段進行。辨識出重要的利害關係人之後，要根據兩個層面對每一組利害關係人進行分類，第一個層面是利害關係人和專案或專案成果的利害相關程度，第二個層面是利害關係人對專案的影響力（正面與負面影響），這個層面通常和個人或團體在組織中的權力有關。第三個層面是使用不同的顏色分別標示各組利害關係人目前對這項專案的態度。

　　可以定期進行這項分析，藉此追蹤利害關係人的態度變化。圖 5-9 是利害關係人分析矩陣的範例，你可以用這個矩陣辨識與分析受到專案影響或參與專案的利害

圖 5-7　專案利害關係人分析矩陣

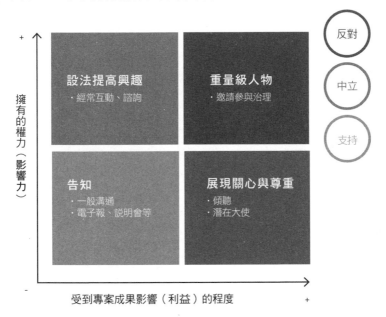

關係人。

### 📁 確保專案成功的方法

　　從側重專案管理的硬體技巧轉變為側重軟體技巧，再加上專案愈來愈複雜，使得管理利害關係人成為專案管理中最需要關注的領域之一。了解重要利害關係人的需求，辨識雙贏，爭取利害關係人積極支持專案，都是促進專案成功的要素。但是,這些工作可能非常艱難,專案經理必須取得專案發起人的協助,發起人在管理利害關係人方面扮演重要的角色。

## 變革管理

變革管理是為了確保組織與員工樂意擁抱專案帶來的改變。在變革管理中,溝通是最重要的一個層面,專案經理必須根據利害關係人分析,決定提供哪些種類的資訊、提供給誰、要透過什麼形式傳達資訊,以及在什麼時機點發布與傳遞資訊。專案管理學會出版的《專案管理知識體系指南》(第六版)指出,在專案執行階段,專案經理的時間約有 75 ～ 90％花在正式及非正式的溝通上。[88]

根據專案管理學會發表的《專案管理從業者脈動》(*Pulse of the Profession*)報告(學會每年對全球專案管理從業人員進行的調查),高績效的溝通者更可能在預算金額內準時完成專案。[89]

為了推進專案,就必須讓所有人適時收到正確的訊息。第一步是了解每一組利害關係人團體需要什麼資訊與(或)干預,才能促使他們擁抱專案帶來的變革。這通常指的是告知事實與專案現況，而非描繪美好的未來；與利害關係人溝通時，可能要包含好消息或壞消息。

現代科技讓我們能夠簡單便利的溝通，讓人們保持消息靈通，變革管理中可以採取很多種溝通形式，例如書面更新、電子報、面對面會議、簡報說明、會員大會、訓練課程或專案網站等。

主要挑戰在於，別用太多資訊淹沒利害關係人，但要提供他們足夠的資訊了解狀況，能夠根據資訊作出適當的決策。

### 📁 案例

在我的記憶中，最好的一個變革管理案例發生在歐元推出期間。歐盟在 1999 年 1 月 1 日正式推出新貨幣「歐元」，起初，歐元是歐盟各國貨幣轉換時使用的標準貨幣，各國仍然繼續使用原有的貨幣，但三年後，歐元確立為日常使用的法定貨幣，取代歐盟會員國原有的國內貨幣。歐元正式推出之前，以及過渡期間，幾乎所有歐洲公民都知道這項專案，也為轉變做好準備。不論他們的背景、國籍、年齡或其他特徵，他們都知道推行歐元的重要日期與好處，甚至知道現有的貨幣和歐元之間的兌換率。

這項專案得以成功有兩項關鍵因素。第一，歐洲人民已經為變革做好準備，溝通是歐洲國家領袖的優先要務。第二，以極其簡單的方式推行專案，不論任何教育程度或文化背景，每個公民都能了解轉換為歐元制的目的、好處、意義與時程。

### 📁 應該思考的重要問題

- 是否有一份溝通與變革管理計畫，凸顯這項專案預期為利害關係人帶來的好處？
- 是否規劃足夠的溝通與變革管理活動，使組織或國家為新的現實情況做好準備？

### 📁 好用的工具

歐盟委員會（European Commission）開發一份詳盡的變革管理計畫，有歐盟會員國的每種語言版本，包括資訊彙整、影像與廣告等，下列是一些可以在轉型專案中參考的例子：

- 《為推出歐元做準備：簡要手冊》（*Preparing the*

*Introduction of the Euro: A Short Handbook*） [90]

• 溝通工具箱 [91]

　　此外，歐盟委員會也設立一個全方位的網站，提供各種重要的資訊。每當有新會員國加入歐元制時，大部分的溝通材料都能派上用場。

## 確保專案成功的方法

　　所有專案都需要一份周詳的變革管理與溝通計畫，但是，並非所有專案都要使用相同類型的活動或方法來溝通或傳遞資訊。專案的變革管理與溝通計畫應該載明利害關係人需要哪些種類的資訊與變革需求、什麼時候應該傳遞資訊或因應他們的需求，以及將如何干預或斡旋。

　　變革管理與溝通活動應該安排優先順序，並傳達適量的資訊。過度溝通可能令人招架不住，也容易導致重要資訊被大量資訊淹沒；溝通不足則無法提供足夠清晰的面貌，讓團隊成員完成必要的工作。專案經理了解如何在適當的時機、傳送適量的資訊給適合的利害關係人，將能保持專案運作順暢，成功完成。

# 領域 4：何處

「何處」這個領域涵蓋對專案有正、反兩面的外部影響因素，這些因素往往不是專案領導人能夠控管，但領導人有方法作出有利的影響。在影響組織方面，專案發起人也扮演重要角色。

## 專案導向的組織

多數西方國家公司屬於階層式與功能式的組織架構，這種組織架構很適合日常營運活動的運作，預算、資源、重要績效指標與決策權都由事業單位和部門的主管掌握。

但是，規模最大、最重要的策略性專案幾乎都是跨部門、跨階層的專案，不只橫跨各部門，甚至還會涉及整個組織。這代表策略性專案（例如把業務拓展到另一個國家）需要來自不同部門的資源與投入：需要場地專家尋找據點、律師處理法律文件、人資招募人才、業務員研擬商業計畫等。沒有這些部門的貢獻，專案將無法成功。

圖 5-8 專案規劃圖，領域 4：何處

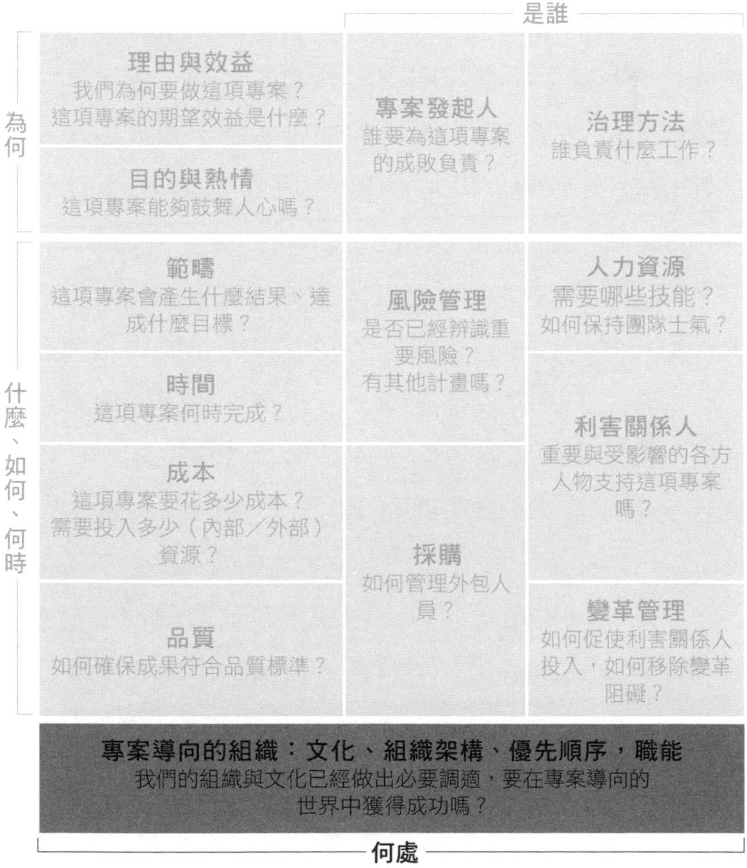

## 📁 關鍵要素

傳統的階層式組織架構不可能快速執行專案，現在最成功的組織為了促進和支援專案的執行，都已經調整過組織架構，變成專案導向：部分資源、預算與決策權轉移給專案活動，通常交給公司內的專案管理單位（Project Management Office，簡稱 PMO）主導。

原先專案管理單位的功能是支援專案領導人與專案團隊的行政工作，例如處理工時表單、記錄專案問題日誌、追蹤資訊來提供進度報告。後來，專案管理單位演進成負責發展、執行專案管理政策與標準的部門。這些職責明顯側重「行政管理工作」，形成大家對專案管理單位的負面印象，結果經常導致專案管理單位遭到裁撤。

更新後的專案管理單位更聚焦在創造價值，和高階主管團隊建立連結，現在的職責包括推廣與建立最佳實務、打造職能、支援管理高層排序各項專案的優先順序，以及推行最重要的策略性專案。最先進的專案管理單位有許多專案經理（往往是公司裡最優秀的專案經理），他們負責領導最複雜的跨部門（涉及全公司）專案。這類專案管理往往直屬於公司執行長，因此，有時被稱為執行長的部門，現今多數大型組織都設有專案管理單位。

　　一家知名瑞士生技公司的案例展現專案管理單位的力量。這家公司的執行長訂定目標，想在 2022 年以前讓公司營收成長到 10 億歐元，他設立專案管理部門，從管理團隊中挑選最傑出的人才掌管部門，直屬執行長管轄。在專案管理部門主管的支援下，公司的高階主管團隊挑選出 13 項策略性專案，指派最有才幹的人才，讓他們接受密集的訓練。這 13 項專案中有 9 項步上軌道，開始產生效益，讓公司逐漸朝向執行長的目標邁進。

### 📁 優先順序

　　組織或國家的高優先專案通常成功的可能性比較高，例如，歐盟於 2018 年 5 月 25 日正式生效的「一般資料保護規則」（General Data Protection Regulation，簡稱 GDPR）有既定的截止日與強制規範，大多數組織為了遵從這條法規，會把相關專案列為高度優先。這條法規主旨是讓歐盟國家的公民取回個資的控管權。公司行號都知道必須遵從法規以免受罰，因此，經理人樂意配合，投入資源執行這些相關的專案。

　　排列專案處理的優先順序有助於提高策略性專案的成功機率，促使高層管理團隊有一致的目標，聚焦在策略性目標，並且消除營運團隊面對決策時的所有疑慮。最重要的是，有助於建立執行心態與文化。

儘管專案處理的排序很重要，但現實情況是，多數組織與政府在決定各項專案的優先順序時陷入困難，他們甚至沒有一張清單列出所有專案項目。而且，為了決定優先順序，必須對許多潛在構想說「不」，或是取消已經展開的專案。多數成功的公司清楚知道哪些是高度優先的專案，總是極有紀律的執行這些專案。

排序專案時，最大的一項挑戰在於，通常所有潛在專案與構想都有道理，但資源與預算有限。更重要的是，推行的專案愈多，就愈難成功執行與完成。

多數公司只有在陷入危機與瀕臨破產時才會將處理的專案進行排序，著名的例子有蘋果、樂高、福特汽車、波音、飛利浦（Philips）與聯合利華（Unilever）。直到高階主管團隊施壓，這些公司才中止數百項專案與產品開發，聚焦在真正重要的專案，這些往往也是力挽狂瀾，帶領公司成功的專案。

為了說明策略排序的重要性，並幫助高階主管做好專案排序，我開發一套「目的層級」（Hierarchy of Purpose）架構[92]，請參見第八章的詳細說明。

## 📁 能力

專案要保持一貫優異的執行成果，必須靠優秀的專案管理能力。組織必須把專案管理與領導視為一門專業，專案的管理與領導人必須受過訓練、符合資格。此外，組織也應該為專案管理工作者建立一條職業生涯的發展途徑，並提供培訓課程。

現在，想成為成功的專案經理，不僅需要具備優秀的專案管理能力，技術性技巧（例如規劃、定義專案範疇與風險管理）也是必要條件。但是這樣還不夠，由於組織變得更複雜，專案經理必須發展下列所有能力：

- 堅實的領導能力，例如溝通、說服、執行心態與協商技巧。
- 適當了解組織的事業與營運環境，以及公司的策略、競爭情勢、產品和（或）服務、營運狀況與技術。這些條件全都是專案經理必須清楚了解的重要層面。基本上，現在的專案經理已經變成專案與事業領導人。

前文提及的瑞士生技公司邀請知名的主管教育學院

為公司量身設計培訓課程，以訓練最佳人才成為專案領導人。這門課程以專案管理為骨幹，但也包含領導、財務、團隊發展與溝通等領域，另外還有幾堂課程與這家生技公司的業務（例如研發中的新產品）和技術展望有關。這門課程還要求學員堅定信守的承諾，因為培訓在一年內分三次上課，每次為期四天。這家公司投入大量資源在這項培訓方案上，但這也是一個很棒的人才培育機會，同時顯示這位執行長堅定致力於人才投資，透過卓越的專案執行實現他的宏大目標。

### 📁 應該思考的重要問題

- 組織是否設有專案管理單位，策略性的支援專案的評選、排序與執行？
- 這項專案是公司的優先要務嗎？
- 組織是否有職業生涯的發展途徑與培訓方案，藉此培育專案領導人，並建立組織的專案執行能力？

### 📁 確保專案成功的方法

為了支持專案的執行，組織架構必須調整，從傳統的階層式組織模式轉變為專案導向的模式，同時，部分

權力與資源也必須轉移。此外，要設立公司層級的專案
管理單位，由執行長賦予權力。組織架構的改變也代表
要為專案經理建立一條職業生涯的發展途徑，並提供發
展方案。

## 如何在專案與組織中應用專案規劃圖

徹底的轉型，例如改變公司的價值觀與文
化，總是需要投資大量時間、金錢與心力，而且
績效很難量化。通常，這類轉型的績效屬於所謂
的軟體或無形績效，例如提升員工幹勁、形成創
業心態，至於硬體績效，如節省成本或增加收
益，通常也不具體。此外，一般來說，績效是中
長期奮鬥的結果，通常得努力三到五年才會顯現。

由於執行長與管理高層承受股東與股市的巨
大壓力，期望快速並定期看到投資報酬，因此他
們往往不太願意啟動這類徹底的轉型專案，而是
偏好投資在企業併購或縮編類型的專案，因為可
以更快速看到回報，又對財務績效有具體、有形

的影響。

在組織中引進專案規劃圖不至於像轉型專案那麼複雜,但仍然需要在專案的提案、評選、排序、界定、規劃與執行等方面作出一些徹底改變。

推動組織轉型成專案導向的組織時,我喜歡使用一套簡單的敏捷方法,循著下列七個步驟來提高專案的一貫性:

1. 發展一套專案相關的用語與定義。
2. 根據專案規劃圖,制定共通的專案準則。
3. 設立發起人訓練方案。
4. 設立專案領導人訓練方案。
5. 挑選最合格且熱情的人擔任專案大使。
6. 指派給專案大使最重要的專案與(或)策略性專案。
7. 致力於轉變成專案導向的組織。

此外,使用下列重要原則來評估你的(或)組織的專案能力:

- 退回專案構想，直到成熟到能夠推出全面性的專案為止。

- 高階主管應該把至少 20％工作時間用於支援擔任發起人的專案。

- 專案應該有宏大的 SMART 目標，並且有明確且既定的截止期限。

- 最佳人力資源應該分配給最佳專案，並且應該讓這些人才從全職職務中抽身，把百分之百的時間投入專案工作。

- 藉由檢測與迭代，專注在改善最終產品或解決方案的品質。

# 第六章

# 成功的專案有哪些特色？

THE PROJECT
REVOLUTION

透過專案規劃圖了解改變世
界的傑出專案。

　　我寫這本書的目的是要分享專案的優點，在全新專案導向的世界裡，為每個人提供邁向成功的基本技巧與架構。有很多改變國家、組織或對人類產生巨大影響的傑出專案，但往往被大家忽視。其中一個原因是大家很自然會對那些損失慘重的重大失敗感興趣，我們都喜歡聽這種故事，尤其是那些原本被吹捧為能夠對人類帶來巨大利益的行動。多數專案的相關文獻側重在談論失敗的專案、重大災難、巨額成本超支與延遲。這本書想改變這一點，側重專案的優點，談論成功且傑出的專案。

　　我研究世界級的專案時，發現很多改變整個國家、地區與組織的傑出專案。最優秀的政府與政治領袖，以及企業界有遠見的領導人，都是優秀的專案倡導人。這些領導人發起、推動宏大的專案，追求鼓舞人心的願景與更深層的目的。這些專案在設計與執行上都很嚴謹，並應用成功的專案概念，能產生驚人且持久的績效，包括財務與社會層面的績效。

　　我也發現，那些沒有長期願景、明確目標與專案的國家和地區，往往陷入政治不穩定與社會混亂。例如，2018 年我在寫這本書的時候，西班牙、義大利、英國與美國都因為缺乏願景和專案而陷入難以預料的政治情勢。企業界也一樣，忘記或不敢投資專案的事業或公司最終往往會走入歷史。

　　人類史上最壯觀的專案都是受到全球的都市化（人們從鄉村地區遷居城市）所誘發，工業革命與健康照護體系改善導致的死亡率降低，則是兩股重要的推動力。都市化促成經濟活動與生活型態改變，中國沿岸的工業化和中國融入全球貿易體系，促成人類史上規模最大的人口遷徙，農村人口遷徙至都市，使得都市人口從 1980 年的 1.91 億人，暴增至 2009 年的 6.22 億人。[93] 生產、銷售與消費活動都集中在都市，過去 50 年間，倫敦、巴黎、紐約、墨西哥市、聖保羅、上海、東京等大都會區執行數百萬項工程、基礎建設、交通、教育與社會專案。由於全球有過半數人口居住在都市，專案的重心已經轉移至大眾交通運輸、智慧城市、環境與永續發展等領域。

　　我們來看看一些最傑出的專案，並透過專案規劃圖進一步分析。

## 冰島：從破產到重振經濟

　　2008 年的金融危機衝擊每個西方國家，但受創最嚴重的國家莫過於冰島。冰島這個島國約 30 萬人口，擁有獨特的天然資源，以整體的經濟規模來看，冰島是全球面臨最大危機的國家。國內最大的三家銀行：格里特利爾銀行（Glitnir）、冰島國民銀行（Landsbanki）與考普亭銀行（Kaupthing）擁有的總資產約為冰島國內生產毛額的十倍。[94]

　　冰島因應破產危機的方式與歐洲其他國家相反，全球普遍認為銀行「大到不能倒」，但冰島認為這前三大銀行實際上是「大到不能救」。[95] 於是，冰島讓這些銀行破產，將它們的業務拆分成國內與海外業務，政府出手接管國內業務，藉此保全國內存款，並且放棄海外業務。冰島政府首先讓貨幣（冰島克朗）貶值，和 2007年底相比，貶值幅度將近 60％，藉此提高出口競爭力，促使貿易餘額由負翻正。但是，到了 2009 年，冰島政府採取資本管制，穩定幣值，抑制通膨。此外，冰島是唯一一個把與金融危機相關的銀行高階主管關進監獄的國家，總共有多達 26 人入獄[96]。這傳達一個強烈的象徵訊息：揮別過去，迎向新未來。

　　現在，冰島已經完全站起來，走出全國破產谷底，成為已開發世界中經濟表現最優秀的國家之一，經濟年成長率達7％。這個國家的經濟結構已經從漁業、觀光業與煉鋁業多角化擴展至再生能源產業與資訊科技業。更重要的是，幸虧冰島政府致力推行保護低所得階級的政策，根據吉尼係數（Gini Coefficient）的衡量指標，國民年所得分配平均程度已經重返金融危機前的水準。

圖 6-1　冰島實質經濟成長率（與北歐和南歐歐盟國家相比）

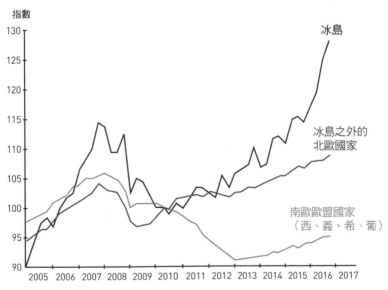

資料來源：經濟合作暨發展組織（OECD）

　　冰島重建專案中最讓人驚訝的是人民想要成功的意志，社會運動以這次的危機為契機，促使國家變得更好、減少貪腐、經濟更多角化發展、所得分配更平均。這項重振專案由冰島社會民主黨與綠黨聯盟於 2009 年共同設計 [97]，然後由獨立黨與進步黨聯合政府推行。政府大致遵循國際貨幣基金援助方案制定的經濟穩定計畫路線，包括實施資本管制與其他金融措施，藉此換取 50 億美元的貸款，應付外部融資需求。[98] 這項重建專案成功的主要原因是計畫的所有權：政治人物與公務員竭力達成計畫中訂定的目標。

## 冰島重建專案（2008 ～ 2018 年）

**為何：理由與效益、目的與熱情**
- 破產後的冰島生存與重振
- 建造一個更好的國家：所得分配更平均，經濟更多角化發展，沒有貪腐

**是誰：當責與治理**
- 社會民主黨與綠黨結盟，積極啟動重振專案
- 專案背後的實際力量是冰島人民領導的社

會運動
- 政治人物與公務員竭力達成計畫中訂定的目標

**什麼、如何、何時：專案的硬體與軟體層面**
- 冰島對破產危機的因應方式與歐洲其他國家相反
- 國際貨幣基金提供 21 億美元援助計畫，訂出三項目標
- 冰島人民（重要利害關係人）全力支持
- 十年後，冰島成為已開發世界中經濟表現最佳的國家之一，經濟年成長率達 7%

**何處：組織、文化、背景脈絡、職能**
- 國家面臨生死存亡，急切需要改革
- 最優先的專案獲得高度關注與所需資源

## 盧安達：史上最成功的和解計畫

1994 年，盧安達爆發近年來最兇殘的種族屠殺事件，短短三個月有高達 100 萬人遇害，25 萬名婦女遭強

暴，整個國家的人民陷入困境，大量基礎設施毀壞，司法與政治體系完全崩潰。

1990 年代末期，盧安達總統保羅・卡加梅（Paul Kagame）與政府開始以不同方式看待自己的國家，他們積極以長期規劃的方式，推出「2020 年願景」計畫[99]，內含 44 項目標。

盧安達就此展開宏遠的經濟發展與和解過程，最終目標是讓所有盧安達人再度和平共處。盧安達現行憲法中明載所有盧安達人享有平等權利，而且政府透過各種法律來禁止歧視，以及分化和種族滅絕的意識型態。

負責掌控促進和解的主要機構是 1999 年成立的國家團結與和解委員會（National Unity and Reconciliation Commission）[100]，這個組織的主要行動是促進大家有和解的意識，並提供培訓，它做了幾項研究，探索分化與衝突的來源，以及未來該如何減少這些問題。其他行動與措施包括：舉辦人權、國家歷史、良好治理等主題的高峰會；為婦女、青少年、政治領袖提供衝突管理與創傷的諮詢輔導；推出和平教育課程（開辦「Ingando」再教育營），解釋分化的起源與盧安達歷史；成立「Itorero」領導力學院，培育領導人，倡導盧安達的價值觀，2007 ～ 2009 年總計有 11 萬 5,228 名學員參與活動。[101]

截至目前為止，這項轉型計畫的成果非凡，尤其與 1994 年盧安達的殘破情況相比可說是天壤之別。

國家團結與和解委員會兩度發布「和解氣壓計」（reconciliation barometer），藉著檢視數十項要素，評估盧安達人民和平共處的情形。最近一次的「和解氣壓計」在 2015 年公布，數據指出這個國家的和解程度已經高達 92.5%。[102]

「2020 年願景」計畫最引人注目的一個層面是想要根除盧安達嚴重的貪腐陋習，貪腐是阻礙國家繁榮的阻力，也是導致種族屠殺的主因。為了打贏反貪腐之戰，計畫領導人從新加坡的經驗學到很重要的一課：整潔將影響人民與國家的整體文化。這項概念的背後邏輯是：當城市市容整潔，政府與政治也會乾淨。現在的盧安達首都吉佳利（Kigali）是全世界最整潔的城市之一，政府的貪腐程度已經減少一半，成為貪腐程度最低的非洲國家之一。根據國際透明組織（Transparency International）的清廉印象指數排名，在 180 個國家當中，盧安達已經從第 83 名提高至 2018 年的第 49 名。[103]

　　盧安達的「2020 年願景」計畫同時改善其他指標，例如人民識字率從 1995 年的 48％提高到 2016 年的 71％ [104]；2016 年國會席次中有 56％為女性，讓盧安達成為女性議員比例最高的國家之一。

> ## 盧安達重建與和解計畫（1994～2014 年）
>
> ### 爲何：理由與效益，目的與熱情
>
> - 在近年來最兇殘的種族屠殺事件之後重建國家
> - 改善嚴重的貪腐陋習
> - 改善盧安達人民的生活水準
>
> ### 是誰：當責與治理
>
> - 總統保羅‧卡加梅大力倡導重建與和解
> - 成立國家團結與和解委員會，貫徹執行所有專案
>
> ### 什麼、如何、何時：專案的硬體與軟體層面
>
> - 「2020 年願景」計畫為盧安達的經濟發展制定架構
> - 國家大力投資在培訓政治領袖

- 側重與人民的溝通與互動（透過研討會、訓練課程等）
- 人民在種族屠殺後產生強大抗拒心理，後來轉變為支持

**何處：組織、文化、背景脈絡、職能**
- 國家殘破不堪，急迫需要改革
- 第一優先的專案獲得高度的關注與需要的資源

# 巴西庫里奇巴市：全球最綠化的城市

巴西的庫里奇巴市（Curitiba）已經成為永續城市計畫的黃金標準，被譽為「綠色之都」、「地球上最綠化的城市」、「全世界最創新的城市」。

庫里奇巴有很長一段期間是個過境城市，勞工前往農村地區打工時會路過這座城市，在這裡歇腳。早年，幾個歐洲國家的移民來到這個城市尋找工作，也尋求更好的生活，於是 1940～1960 年間，庫里奇巴的人口從 14 萬人激增到 36 萬人。[105] 伴隨人口成長的同時，汽車

數量也增加，城市漸漸變混亂，市中心與周邊交通非常壅塞。

一切的改變都從一個男性與「人比車更重要」的簡單概念開始。[106] 這個人是賈米・勒納（Jaime Lerner），他學的是建築與都市計畫，卻對政治有濃厚興趣，因此在 1971 年當選庫里奇巴市市長。[107]

上任市長後幾個月，下屬向他提出都市化專案，依循巴西首都巴西利亞（Brasilia）的都市發展規劃，拓寬市中心區的主要街道，藉此容納擴增的交通流量，但這樣必須犧牲所有建築物和綠地。

不過，勒納採行的實際做法與這項提案完全相反：他在 1972 年把選定的街道開闢為行人徒步區，形成巴西第一個行人徒步購物中心。這項專案遭到當地店家強烈反對，不過勒納市長下令 72 小時內完成。從這項專案可以洞悉勒納的管理方法：馬上行動，之後再調整。

不過，勒納與團隊對庫里奇巴市還有更宏大的計畫。勒納想藉著實行低預算概念與專案來改變城市的移動與交通，他最知名的一句話是：「如果想要有創意，就把預算去掉一個 0；如果你想要永續發展，那就把預算去掉兩個 0」[108]，從公僕口中說出這句話，意義非比尋常。

1974 年，庫里奇巴市推出一種全新的街道設計，打造公車專用道，讓公車的乘客從主幹道的中島上新設的公車候車亭上車，這條專用道讓公車在城市裡暢行無阻。到了 1980 年代末期，第三度當選市長的勒納注意到，乘客上下車的速度讓公車運輸的速度減緩。

於是，勒納推出三項創新策略：把公車候車亭的月台高度提高到和車門等高，讓乘客不必上下階梯（公車候車亭的設計採用未來主義式的透明隧道形狀，使庫里奇巴市聲名大噪）；增長公車的車體長度，增加載客量；車票採取預付制，讓司機不必在路程中收現金賣車票。

勒納的措施產生顯著的影響，現在有大約 85％ 的庫里奇巴市居民使用公車快速運輸系統（Bus Rapid Transit System），這個運輸系統每天輸運約 200 萬名乘客。（相較之下，倫敦地鐵系統每天的載客量大約 300 萬人次。）

除了都市交通專案，勒納與團隊也側重綠化專案，建設公園與城市花園。1971 年時，庫里奇巴市只有一座公園，現在已經有 16 座公園、14 座森林、上千個綠化空間。世界衛生組織建議最低的人均綠地面積為 9 平方

公尺，庫里奇巴市現在的人均綠地面積則是建議面積的
5 倍以上，達到 50 平方公尺，而鄰國阿根廷首都布宜諾
斯艾利斯只有 2 平方公尺。

　　勒納市長說：「政治提供一個集體夢想」與「創造
人人能了解且渴望的情境，那樣，他們就會協助你實現
它。」[109]

## 庫里奇巴市永續轉型計畫<br>（1972 ～ 2007 年）

**為何：理由與效益，目的與熱情**

- 把快速成長的城市轉型成全世界最綠化、最永續的城市
- 改善都市與大眾運輸系統規劃，提高使用率、縮減通勤時間
- 建設公園與綠地，把城市打造成休閒樂園

**是誰：當責與治理**

- 市長賈米・勒納積極參與，並擔任發起人
- 庫里奇巴市研究與都市計畫所負責所有專案

**什麼、如何、何時：專案的硬體與軟體層面**

- 市長賈米・勒納有宏大的願景與意志力要
  創造一個獨特的城市
- 勒納的規劃理念是馬上行動，然後再調
  整，這樣才能克服變革阻力
- 側重在對願景與好處進行溝通，促使庫里
  奇巴市民支持和參與

**何處：組織、文化、背景脈絡、職能**

- 在專案啟動一開始迅速創造贏面，藉此在
  整個城市傳播正面積極的文化
- 將庫里奇巴市的轉型列為第一要務，因此
  獲得充足的資源
- 雇用外部專家，例如日本建築師中村拓
  志，協助建設綠地

# 瑞典：道路通行方向轉換

　　1967 年 9 月 3 日（星期日）是瑞典史上規模最大
的後勤輔助活動 [110]，被稱為「H 日」（H-Day，源於瑞典

語 Högertrafikomläggningen，意指道路靠右通行）。這一天，數百萬名瑞典人從原本的靠左通行轉變為靠右通行。這將改變瑞典人長達 230 年的駕駛習慣，堪稱史上最大規模的交通基礎設施改造。

許多瑞典人因為不熟悉靠右通行的交通系統，開車到靠右通行的北歐鄰國（挪威、丹麥、芬蘭）時常會出車禍；開車到瑞典的觀光客也常因為不熟悉靠左通行的制度而出車禍。

瑞典的汽車製造公司，尤其是富豪汽車（Volvo），製造的是駕駛座在左邊的靠右通行車，以利出口到靠右通行制度占多數的全球市場。但很矛盾的是，許多瑞典人購買與駕駛這種靠右通行車，但是瑞典卻實行靠左通行的制度，結果有近 90％的瑞典駕駛開的是右駕車，這些車輛約有 150 萬部，預估到了 1975 年將增加到 280 萬部。[111]

從靠左通行轉變為靠右通行的構想經過幾十年討論，1955 年對這項提案舉行的全國公投中，83％瑞典人反對改變。但是經過多年強烈遊說，1963 年，國會通過首相泰格・厄蘭德（Tage Erlander）的提案，決定在 1967 年轉變為靠右通行。

圖 6-2　宣導 H 日所使用的標誌

為了讓全國人民做好準備，瑞典政府制定周詳的專案，成立專責機構「全國靠右通行交通委員會」（Statens Högertrafikkommission），再加上還有瑞典全國交通安全委員會的支援。這項專案的準備階段兼顧很多細節，包含為期四年的培訓計畫。這個做法是採用心理學家的建議，確保全國人民做好改變的準備，並清楚知道該如何參與。政府推出各種方案支援這項通行方向轉換專案，其中一項是宣傳行動，包括把 H 日的標誌展示在各種紀念品和生活用品上，甚至在電視節目上舉行創作歌曲比賽，以通行方向轉換日為創作主題。

轉換日前幾天，瑞典國內每個交叉路口都裝設套上黑色塑膠袋的柱子與交通號誌，新的道路標記則是用白漆寫好後，貼上黑色膠帶遮掩。

1967 年 9 月 3 日 H 日當天，全國都為這個重大轉變做好準備，凌晨一點到清晨六點之間，非必要的運輸全部停止通行，工程團隊執行最後的基礎設施更換，拆掉那些黑色塑膠套和膠帶。清晨 4 點 50 分，新的道路標誌展現出來，車輛通行方向切換。

轉換相當平順，意外事故也大幅減少，H 日當天只發生一些輕微無人傷亡的交通事故。一週後，新制度帶來的進展已經顯現出來：這一週只發生 125 件交通事故，沒有人死亡，相較之下，轉換前平均每週有 130 ～ 198 件交通事故。交通專家指出，由於絕大多數瑞典人本來開的就是右駕車（能有比較好的視野看清前方的道路），切換成靠右通行後，車禍的數量自然減少。實行新制後，車輛相撞與車輛撞死行人的車禍顯著減少，汽車保險理賠件數也減少 40％。[112]

瑞典能夠成功順暢的從靠左通行轉變為靠右通行，靠的是政府的悉心規劃準備，再加上廣泛的宣傳與對民眾的教育，讓國民在至少一年前就做好準備。

# 瑞典：道路通行方向轉換（1967年）

**爲何：理由與效益，目的與熱情**

- 減少交通事故，讓左駕車開起來更方便安全
- 與鄰國和全球多數國家一致

**是誰：當責與治理**

- 首相泰格‧厄蘭德是專案的最高發起人
- 全國靠右通行交通委員會與全國交通安全委員會負責所有專案

**什麼、如何、何時：專案的硬體與軟體層面**

- 訂定截止日期是 1967 年 9 月 3 日
- 有周詳嚴謹的準備
- 政府廣泛的宣導，並且推行民眾教育方案

**何處：組織、文化、背景脈絡、職能**

- 所有瑞典人都知道這項變革與變革的意義
- 列為第一優先專案，獲得高度關注與所需資源

## 歐元轉換：涉及三億人的轉型計畫

　　對現在多數歐洲人而言，歐元是日常生活的一部分，但當年轉換成歐元的貨幣改革可以說是歷史上最大的政治、社會與經濟轉變。要動員超過三億歐洲人民改變日常生活中的關鍵要素可不是件普通的事。現在使用歐元的國家有 19 個、有多達 3.4 億歐洲人使用，已經成為全球交易量僅次於美元的第二大貨幣。[113]

　　轉換為歐元是好是壞見仁見智，但從大規模轉型專案的角度來看，我認為它的成就非凡。不過，歐元轉換專案是大型專案中其中一項專案，更大的專案是歐洲經濟暨貨幣聯盟（European Economic and Monetary Union，簡稱 EMU），但是這個聯盟欠缺共同願景，又碰上無力的政治領導，正逐漸沒落。

　　為了達成如此巨大的轉型，需要非常詳盡縝密的構思，實際上，歐元轉換專案計畫在歐元正式推出的 20 多年前就已經展開：1979 年成立歐洲貨幣體系（European Monetary System），並且建立歐洲貨幣單位（European Currency Unit）。[114] 此外，轉型也需要徹底完善的準備和一套完美的計畫。這項專案發行約 140 億張紙鈔和 520 億枚硬幣；2002 年 1 月初，有 78 億張紙

鈔和 400 億枚硬幣供應給 21 萬 8,000 家銀行與郵局、
280 萬個銷售據點，以及 12 個歐盟國家的 3.02 億人。
在此同時，流通在外的 90 億張紙幣和 1070 億枚硬幣則
大部分回收。[115]

　　透過專案規劃圖來分析就會發現，這項專案的每一
個層面都有周詳的考慮與規劃，並順利的執行。

　　創建歐元的計畫源於 1992 年簽署的《馬斯垂克條
約》（Maastricht Treaty）中的貨幣聯盟條款，規定歐洲
共同體將發行統一貨幣。因此，這項專案打從一開始就
有明確的願景、理由與效益：使歐洲人的關係更緊密，
幫助整合與促進會員國的繁榮。這個願景不僅打動歐洲
人民，也讓他們心動。

　　這項專案也建立明確的治理體系，由歐盟理事會
（Council of the European Union）擔任代表會員國的行
政機構，負責重要決策與監督，是實質上的指導委員
會。1998 年 6 月 1 日成立的歐洲中央銀行則是歐元轉換
專案的執行機構，後來成為歐元區貨幣政策的主管機構。

　　歐元統合標準（convergence criteria）清楚定義範
疇與要求條件：想加入歐元區的會員國必須符合五項嚴
格標準，例如預算赤字必須低於 GDP 的 3％，而且貨幣

價格（通貨膨脹率）必須穩定。

這項專案已經有確切的時程表：1999 年 1 月 1 日 0 點引進非實體的歐元，歐元區會員國的貨幣不能獨立存在，各國貨幣與歐元間的匯率轉為固定比率。

為了管理空前巨大的風險，並讓民眾、公司與組織進行必要的調整，這項專案提供長達三年的過渡期。在這段期間，各國原有的紙鈔與硬幣仍然可以作為法定貨幣使用，直到 2002 年 1 月 1 日正式引進歐元硬幣與紙鈔。這是史上規模最大的貨幣轉換，涉及 12 個歐盟國家（奧地利、比利時、芬蘭、法國、德國、希臘、愛爾蘭、義大利、盧森堡、荷蘭、葡萄牙與西班牙）。原會員國貨幣的紙鈔與硬幣轉換為歐元的期間約有兩個月，自 2002 年 1 月 1 日到 2 月 28 日。

這項巨型專案會成功的一大要素，是所有利害關係人積極參與，並且大力投資在變革管理與溝通宣導的活動。儘管這些利害關係人包括超過三億人民，以及無數受到影響的單位（機構、公司、銀行等），專案主管單位積極主動，透過廣泛的溝通宣導行動、資訊工具箱、服務台、訓練課程與其他工具，滿足他們的需求。

這項巨大的轉型專案能夠成功，歸功於周詳的準備、所有關係人與單位的積極參與，以及大眾的熱情。

## 歐元轉換專案（1999 ～ 2002 年）

**為何：理由與效益，目的與熱情**

- 進一步整合歐洲國家
- 使歐洲與歐洲人民更為繁榮

**是誰：當責與治理**

- 由歐盟會員國的代表組成的歐盟理事會是實質的指導委員會
- 歐洲中央銀行是歐元轉換專案的執行機構

**什麼、如何、何時：專案的硬體與軟體層面**

- 已經訂定截止日期：2002 年 1 月 1 日
- 有明確的範疇：五項嚴格的統合標準
- 進行廣泛的宣導與民眾教育方案

**何處：組織、文化、背景脈絡、職能**

- 所有歐洲人都知道這項轉型專案，並為此做好準備
- 受影響的會員國把這項專案視為第一優先專案，因而獲得高度關注與所需資源

## 波音 777：工程奇蹟

1980 年代末期，當波音公司宣布將研發波音 777 機型時，許多航空專家質疑推出新機型的必要性，因為波音 747 當時已經投入服務近 20 年，非常成功。專家認為，改善波音 747 現有的性能，提高航空公司的經營效率，為乘客提高便利性，成本遠低於發展一款全新的機型。設計與研發新型飛機需要龐大的投資，過程極其複雜。

飛機製造商跟汽車製造商一樣，都必須持續創新、推出新機型，才能在競爭中生存。為了降低波音 777 機型的設計與研發成本，波音公司專案團隊在艾倫・穆拉利（Alan Mulally）的領導下，採行創新的通力合作設計與研發流程，邀請客戶、航空公司、技術人員、財務專家、電腦專家，甚至其他飛機製造商參與。

波音 777 研發專案的預算超過 60 億美元，動員上萬人，製造廠房的面積超過 70 座足球場。

波音 777 的設計使用最新的 3D 數位影像技術[116]，選用較輕的雙引擎，打造有史以來最強大、而且比先前的飛機引擎省油 20％ 的機體，部分零件將使用新材料來打造，以提高燃料的使用效率。

波音想以這款新機型專案達成下列三項策略目標：

• 大幅縮減飛機研發與製造時間
• 邀請客戶參與開發流程，藉此更加迎合客戶的需求
• 消除高成本的修改程序

波音777專案中採行一種分攤財務風險的創新做法：在自家公司廠房製造駕駛艙、前艙、機翼、尾翼與引擎艙，其餘零組件（約70％）則是發包給世界各地的供應商。參與這項專案的供應商包括義大利阿萊尼亞航空工業公司（Alenia Aeronautica）、澳洲航太技術公司（AeroSpace Technologies of Australia，簡稱 ASTA）、英國航太系統公司（BAE Systems）、英國龐巴迪蕭氏公司（Bombardier Shorts）、巴西航空工業公司（Embraer）、日本幾家航太工業公司、美國卡曼公司（Kaman）、大韓航空（Korean Air）、美國諾斯洛普格魯曼公司（Northrop Grumman）、新加坡新科宇航（ST Aerospace）。[117]

穆拉利決定在專案中推出新的工作模式。新的雙引

擎噴射客機在設計階段與先前波音商用噴射引擎客機不
同,波音公司首度邀請大客戶參與開發,他邀請的八家
航空公司是:全日空航空公司(All Nippon Airways)、
美國航空公司(American Airlines)、英國航空公司
(British Airways)、國泰航空公司(Cathay Pacific)、
達美航空公司(Delta Air Lines)、日本航空公司(Japan
Airlines)、澳洲航空公司(Qantas Airways)與聯合航
空公司(United Airlines)。這是飛機製造業的全新實
務,以往飛機製造業者極少在設計飛機時讓客戶參與。

由於集合各方關係人參與,穆拉利改變團隊的組織
方式,納入更廣泛的參與者,包括工程師、採購人員、
製造人員、客戶與供應商,大家一起設計、開發波音
777,也共同規劃製造流程。

專案領導階層推出的文化變革中,有一項重要層面
是改變員工和管理階層的互動方式:他們鼓勵團隊成員
對管理階層提出疑慮,如果沒有獲得答覆,甚至鼓勵他
們再向更高層的主管提出疑慮,就這樣層層向上,直到
問題獲得解答。

第一架波音 777 在 1995 年 6 月 7 日由聯合航空首
航。在所有廣體客機機型中,波音 777 接獲最多的訂

單，截至 2018 年 6 月，已有超過 60 個客戶下單訂購
1,986 架各種波音 777 機型，其中 1,559 架已經交貨。[118]
波音 777 已經超越波音 747，成為波音公司最暢銷的機型。

以下是一位機師的評價：

> 1999 與 2000 年一項全球調查顯示，駕駛或乘坐過波音 777 和空中巴士 330/340 的人，有超過 75％偏好波音 777。身為駕駛過這兩種機型的機師，從舒適和寬敞的角度來說，我還是偏好波音 777。[119]

### 📁 專案革命觀點

以下是前波音與前福特汽車執行長、波音 777 專案計畫總監艾倫·穆拉利與本書作者(粗體字)的私人談話。

### · 你在波音公司時，採行怎樣的專案領導方法？

我在波音公司工作 37 年，接著在福特汽車公司 8 年，我把這 45 年間學到的東西摘要做成一份簡單文件

〈專業與積極進取的團隊合作的原則與方法」(Skilled and Motivated Teams Working Together: Principles and Practices)。重點是專案得納入所有人,人是最重要的。這些原則就像真誠的說你喜愛他們,讚賞他們,因為全球各地有那麼多人才,你必須把所有人包含在內。

在動人的願景下(例如建造一款飛機、規劃一項計畫或是創造一個事業),凝聚大家的是達成願景的策略,以及奮鬥不懈的執行計畫,在執行時,必須有事業計畫檢討會議。當然,還需要明確的績效目標、計畫,而且使用事實及資料。不過,最重要的大概是人人都清楚這項計畫、清楚情況、清楚需要特別注意的領域,然後進行事業計畫檢討。

• **你從波音 777 專案一開始就讓利害關係人參與,包括客戶、供應商等,你能否談談這套創新的方法?**

我認為,波音多年來成功的原因是每項飛機計畫,尤其是波音 777,我們總是讓航空公司參與飛機的實際設計。

因為他們非常了解飛機的相關知識,知道如何操作飛機,清楚飛機的可靠性與維修需求,也懂得維護、駕駛與維修飛機。所以，我們邀請那些想參與飛機製造的航空公司加入團隊。不過有趣的是，剛開始有些航空公司會說，我不想和競爭者共處一室。

他們擔心如果在競爭者面前分享自己的豐富知識，會不會不利競爭？我記得，早期某一場會議有 12 家全球最優秀的航空公司代表參加，其中一家航空公司的代表說，好吧，我們想幫助波音建造世界上最好的飛機。既然我們全都對這架飛機有所貢獻，那就等獲得世界上最棒的飛機之後，我們再來相互競爭吧。

### • 波音 777 專案中最困難的部分是什麼？

我其實不會想這件事，因為當你運用這些原則和方法時，一切都會很透明。所以，當某個人提出問題時，那不是麻煩，而是一塊寶石。

我會說這是一塊寶石，是因為你現在知道有什麼問題了，而且，你也認知到這是一項發明，將有迭代的流程，工程、設計與製造就是這麼回事，這幾乎等同於證明專案管理流程是有道理的。所以，不必擔心一切得按照計畫走，你有流程可以發掘出需要特別注意的部分，你有文化可以促進所有人提出需要特別注意的部分，然後大家一起解決問題。

所以，我們總是期待每週的事業計畫檢討會議，想看看哪些績效指標改變了，我們需要改進哪些部分，因為我們現在已經知道這是流程的一部分。我們知道計畫和專案管理是有道理的，所以可以調適心態，適應未來自然會看到的種種改變。

關於計畫和專案管理的文獻很多，安東尼奧，你也寫了不少這方面的東西。我想，我願意支持你的原因是，你把一生貢獻給計畫和專案管理，我真心認為採行專案管理才是未來，專案管理能幫助我們打造出人們想要和重視的產品與服務，使我們繼續進步。

## 波音 777 專案（1989 ～ 1995 年）

### 為何：理由與效益，目的與熱情

- 一開始就有清楚的目標：（a）建造一款比以往機型省油 20％的飛機；（b）縮減飛機研發製造時間；（c）提高市場占有率
- 設計與建造人類史上最先進的飛機

### 是誰：當責與治理

- 艾倫・穆拉利是波音 777 專案的計畫總監，百分之百投入專案
- 有明確的治理和角色與職責分派（包括客戶與供應商）
- 上萬人參與專案

### 什麼、如何、何時：專案的硬體與軟體層面

- 預算估計超過 60 億美元
- 範疇：首次邀請八大航空公司參與研發
- 和重要貢獻者（客戶與供應商）共同分攤財務風險
- 領導階層推動文化變革，鼓勵團隊人員提出疑慮，並且向上匯報

### 何處：組織、文化、背景脈絡、職能

- 波音的第一優先專案
- 有充分的資源、預算與管理高層的關注
- 列為第一優先專案計畫，獲得高度關注與所需資源

# iPhone 紫色計畫：史上最棒的商業專案

商業領域最傑出的專案是 2004 年為了打造 iPhone 推出的「紫色計畫」。iPhone 自 2007 年問市後，已經變成一種文化與經濟奇蹟，取代先前的市場領導者：黑莓機（Blackberry）和諾基亞（Nokia），成為無所不在的智慧型手機，徹底顛覆整個全球電信市場。而且，這一切來自一家過去在行動電信產業沒有什麼經驗的公司！

以下分析紫色計畫，更深入了解這個專案是如何無縫執行的。

## 持續實驗，直到可以推出正式專案

iPhone 跟蘋果公司多數的成功故事一樣，根源可以追溯至賈伯斯時代。2002 年蘋果公司推出第一代 iPod 後，開始考慮推出手機。2005 年，蘋果公司一支小團隊和當時名為 Cingular 的 AT&T 行動電信公司祕密協商合作關係，共同開發手機。事實上，在 2000 年代中期之前，蘋果公司有多達五項不同的手機相關計畫，例如和摩托羅拉（Motorola）的 ROKR 手機合作卻失敗收場的小型研發行動（有些人把 ROKR 形容為第一款 iTunes 手機）。[120]

　　值得一提的是，賈伯斯從來沒有推出一個正式而全面的開發 iPhone 最初構想的專案，構想階段一直保持得很低調，只做出有限的投資，以及讓小團隊進行實驗。

　　許多組織有個壞習慣，就是每個構想都推出正式的專案，搞出一大堆專案，最後大多無疾而終或失敗收場，浪費公司的寶貴資源。

## 發起人：投入、盡力、幹勁十足又能鼓舞人心，還要再要求什麼？

　　好幾年間，蘋果公司許多高階主管嘗試說服賈伯斯，要讓他相信打造一款手機是很棒的點子，但賈伯斯心存懷疑，多次拒絕成立正式專案。賈伯斯的態度顯示發起人應該展現的態度：應該成為強而有力的鼓舞源頭、優秀構想的優異策展人，以及不怕拒絕不好或不成熟的點子。

　　一旦賈伯斯消除內心的懷疑後，便充分投入專案並費盡心力，平均而言，他把 40％的時間用來監督與支持各個專案團隊。

　　發起人是專案的關鍵人物，要確保將必要資源分配給跨部門專案、在問題出現時做出決策、與高階主管有一致的目標、督促組織支持策略性專案。為了確保專案成功，最重要的正是來自高階主管的支持。

## 時間：極具挑戰性又無法更改的截止期限，只有奮力達成目標的艱鉅任務

iPhone 專案在 2004 年底正式推出，更確切的說，是 2004 年 11 月 7 日晚上。賈伯斯收到副總裁麥克・貝爾（Michael Bell）的電子郵件，解釋為什麼蘋果公司應該打造手機後，他說：「好吧，我想我們應該做這件事。」

2007 年 6 月 29 日，在年度麥金塔世界電腦展上，iPhone 正式發售。也就是說，一家從未生產過手機的公司，只花兩年半就打造出這款革命性手機，同時也是全世界第一款智慧型手機。

這項專案的最後幾個月，隨著麥金塔世界電腦展的時間逼近，為了讓 iPhone 準時上市，專案團隊瘋狂追趕進度，將私人的週年紀念日都拋到腦後，假期取消了，家庭生活亂成一團。「紫色計畫」證明訂定截止日的力量：能對團隊形成壓力，確保每個人百分之百聚焦在眼前的專案，促使他們多走一哩路。

## 人力資源：近年最有才能的團隊，成員皆為上上之選，全職投入

　　紫色計畫團隊是最有才能的團隊之一，參與專案的人全都是最優秀的工程師、程式設計師與產品設計師。不僅如此，這些人全都卸下原本的職務，立刻全職投入專案。

　　不只是技術人員，賈伯斯決定讓最優秀的高階主管加入專案，第一位是 iPod 與 MacBook 的設計師強納生‧艾夫，他負責 iPhone 的外觀設計。

　　團隊成員的生活從此改變，至少在接下來的兩年半裡是如此。他們不僅加班研發這項當代最具影響性的消費性電子產品技術，而且，他們只做這件事，他們沒有私人生活，也不能對外談論自己正在做什麼。

　　「紫色計畫」變成全部的生活。

## 堅持品質

　　確保最終產品超越顧客的期望是賈伯斯最大的堅持。對於以往從未製造過手機的公司來說，打造一款手機是更艱巨的任務，更何況還要顧及設計與品質標準。

　　推出觸控螢幕或無鍵盤等新技術需要打造大量的原

型和多次的迭代，這樣才能做對做好。儘管有時間壓
力，而且推出 iPhone 的日期也已經確定，產品測試與
品質也絕對不容妥協。

　　整個專案期間有好幾次的發展並不順利，iPhone 品
質沒有達到要求，賈伯斯對專案團隊下達最後通牒：兩
週內無法獲得進展，專案就指派給另一支團隊。所有人
都知道他不是說著玩的。

## 積極管理專案風險

　　「紫色計畫」有個高風險是，蘋果公司在生產手機
方面毫無經驗，學習曲線可能得比原先計畫多好幾年。
為了應付研發風險，專案團隊檢視各種選項，提出兩種
可能性：（a）把相當受歡迎的 iPod 轉變成手機（這個
方法比較簡單）；或者（b）把現有的麥金塔電腦轉變成
觸控式、可以打電話的小型平板。

　　這兩項手機專案分別被取名為 P1 與 P2，兩項專案
都是最高機密，P1 是 iPod 手機，P2 是仍然在實驗中的
多點觸控技術和麥金塔軟體整合手機。團隊決定不要冒
選擇錯誤的風險，先不選擇要開發哪一項專案，而是同
時研發兩款原型。這是降低「紫色計畫」主要風險的積

極做法。

有項統計數字顯示，不計入構想階段的成本，蘋果公司花了 1.5 億美元研發 iPhone[121]，這筆鉅資絕對能讓「紫色計畫」晉升有史以來最佳投資之列。2007 年，蘋果公司總計賣出 140 萬支 iPhone；2016 年 iPhone 系列手機的全球銷售量超過 2.01 億支。[122]2007 至 2016 年，iPhone 系列手機總銷售量超過 10 億支。

2017 年第一季 iPhone 營收占蘋果公司總營收 69％，估計毛率高於 50％，營收超過 540 億美元。蘋果公司的營收從 2004 年的 80 億，增加到 2016 年已經超過 2150 億美元。[123]

## iPhone：紫色計畫（2004 ～ 2007 年）

**為何：理由與效益，目的與熱情**

- 打造一款簡單、受歡迎的手機
- 賭上蘋果公司的未來，進入新的高成長市場

**是誰：當責與治理**

- 專案發起人（執行長）投入 40％的時間驅動專案

- 招募公司中最優秀的人才加入專案團隊，百分之百投入專案

**什麼、如何、何時：專案的硬體與軟體層面**

- 訂定截止日：2007 年 6 月 29 日（計畫在年度麥金塔世界電腦展上正式發售 iPhone）
- 同時製作兩種原型（分別以 iPod 與麥金塔電腦作為起始點）
- 堅持最終產品的品質

**何處：組織、文化、背景脈絡、職能**

- 列為第一優先專案，獲得高度關注與所需資源
- 建立專案型組織，設計與發展 iPhone

## 透過現實生活的專案來學習

　　愈來愈多學生透過現實生活的專案來學習，有幾個組織發起並推廣這種實務學習方法，因而對社會產生實質影響。由全球未來教育基金會暨研究所（Global

Future Education Foundation and Institute）創辦人馬克・普倫斯基（Marc Prensky）領導的「改善他們的世界」（Better Their World）組織，以及在印度發起的全球孩童創意行動挑戰（Design For Change Challenge，簡稱DFC 挑戰），都倡導利用這種全新的方法教育未來的世代。以下是兩項類似性質的傑出專案。

## iPad 協定（iPad Pact）

2014 年，法國呂埃馬邁松市鎮（Rueil-Malmaison）的五歲學童正在學習讀寫，協助他們學習的是到學校當義工的老年人。這些學童發現，許多老年人對 iPad 的畏懼程度，遠高於自己對讀寫的畏懼程度。這些小孩出生後科技就伴著他們成長，他們已經習慣在日常生活中使用科技產品，但老年人不同。於是，輔導老師和學童對觀察到的現象做了一番商討後，開發一項專案：教導老年人操作 iPad，而老年人則協助學童學習讀寫；換言之，老年人教導他們，他們也以教導回饋老年人。

除了教老年人如何操作 iPad，為了讓他們不那麼寂寞，學童決定透過各種方法和他們交流互動，例如寫明信片給他們、為他們製作海報與禮物、舉辦聚會讓老年

人和家人團聚。透過這些行動,學童對老年人產生同理
心,他們的童稚與構想對老年人的日常生活帶來正面的
影響;另一方面,學童也在這些行動中建立自信,學習
如何把構想化為現實。在我寫這本書的時候,這項專案
還在持續進行,這些學童和老年人都是透過推特保持聯
繫,這對雙方都是很棒的安排:老年人藉此練習使用
iPad,學童繼續練習讀寫。

　　這個例子顯示,資源稀少但有明確目的的專案,也
能對世界產生實質影響,讓參與者獲得品質優良的教
育,同時提倡終身學習。[124]

## 波多黎各阿雷西博天文臺

　　移民眾多的德州韋斯拉科市(Weslaco)一所高中
裡,一位教師在課堂上告訴學生,波多黎各阿雷西博
(Arecibo)的無線電波望遠鏡是全世界最大的衛星碟型
天線之一,面積約七萬平方公尺,現在卻因為堆積青苔
和碎屑,測量結果逐漸失準。長久以來,阿雷西博天文
臺是許多大型天文學研究計畫的基地,並且參與「搜尋
外星文明」(Search for Extra-Terrestrial Intelligence)
計畫。

　　長達 35 年期間，天文臺的專家都在尋找清潔這座巨大碟型天線的方法，卻一直都沒有成功。在韋斯拉科市這所高中的教師指導下，學生組成團隊接下挑戰，開始研究解決方法。這群學生花了一年設計出一套複雜的機器人系統，可以清潔並維護這座巨大的天線。2016年 1 月，他們開始在德州南部的里奧格蘭德山谷（Rio Grande Valley）透過快速打造原型的方法製造機器人系統。

　　這項專案讓學生學習透過有明確目的與截止日期的跨部門國際專案來研究與解決問題。這也是一個大好機會，能讓他們學習如何把課堂上學到的電子學與計畫概念，化為實際的應用方法。[125]


## 世界各地的非凡專案

### 幫助年輕人走上合適的職涯

　　2008 年全球經濟危機後不久，歐洲爆發年輕人的失業危機，一些歐洲國家的年輕人失業率飆高到 55％。在這個嚴重的情況下，卡米爾・穆洛茲（Kamil Mroz）

和國際青年商會（Junior Chamber International，簡稱
JCI）的志工發起專案，以活動形式來幫助比利時脆弱
的年輕人。[126] 這項專案舉辦各種活動，包括邀請一流的
主講人進行勵志專題的討論會、由職場教練指導的研習
營、邀請人力資源專家為求職的年輕人提供面對面的履
歷評估。

　　這個專案模式在比利時做出成果後，許多國家跟著
效法，包括保加利亞、拉脫維亞、波蘭與英國，並且獲
得國際讚譽。國際專案管理學會稱許這項專案是最佳實
務，它克服種種重大的挑戰，包括讓志工持續投入，在
公家機關與民營機構的利害關係人之間建立廣大的結
盟，並針對志工的行動量身打造適合的專案管理方法。

## 針對特殊孩童打造數位教育

　　羅齊娜・史賓諾（Rozina Spinnoy）是社會企業家
暨設計策略師，也是三個兒子的母親。她在 2016 年決
定啟動一項專案，設計一套教育課程，讓有特殊學習需
求（Special Education Needs，簡稱 SEN）的小孩融入
數位時代。這項專案的目標是激發這些小孩的技能，透
過探索創新的研習營和融合流程，培養他們的思辨技

巧，結合創意與數位樂趣。2017 年，第一個實驗性的研習營在布魯塞爾舉行，參與者包含來自 SEN 學校和主流學校的小孩。史賓諾後來受到許多教師與一所翻新過的學校邀請，要幫助他們推行這種教育課程，這讓她獲得很大的滿足感與成就感。這項專案顯示，運用設計思維，積極的公民能夠推出專案，幫助解決一些社會問題，從小地方為系統性變革貢獻心力。這項專案也顯示，有很多途徑與方法可以創造更融合、更永續、更凝聚的社會。

## 在聖地牙哥推行電子投票[127]

美國部分州在 2000 年代初期開始討論要以電子投票取代傳統紙本投票或機器投票的可能性，聖地牙哥郡決定在專案管理專家雷伊·弗朗赫佛（Ray W. Frohnhoefer）的支援下，推行電子投票專案。這個專案的主要目的是，在這個人口穩定成長的郡改善投票效率，讓投開票能在法定時間與民眾期望的時間內完成。這項專案面臨的一項最大挑戰，是辨識受到專案影響的無數利害關係人，儘管民眾抱持懷疑態度，專案又面臨創新與技術上的挑戰，這項專案最終還是成功了，聖地

牙哥郡的電子投票模式得以在法定時間內完成投票與開
票。因為有聖地牙哥的專案帶領，如今，電子投票已經
在美國許多郡裡推行實施。

## 在墨西哥阿瓜斯卡連特斯市促進創業精神[128]

2016 年 12 月，墨西哥阿瓜斯卡連特斯市
（Aguascalientes）的經濟發展部部長推出由安妮達・岡
古拉・桑契斯（Eneida Góngora Sánchez）領導的一項
專案，增加對年輕創業者與成功的中小型企業的支援。
這項專案和麻省理工學院企業論壇（MIT Enterprise
Forum）合作，專案團隊發展出一套策略性年度課程，
以幫助發展創業生態系，課程內容包括教導創業者麻省
理工學院的最佳實務。這項專案讓 100 名學員得以在全
世界最成功的創業者訓練模式中學習最佳實務，專案非
常成功，廣獲媒體報導，也使阿瓜斯卡連特斯市成為創
業者聚集的中心。

## 哥倫比亞卡利市（Santiago De Cali）勝科（Centec）學校的社會專案[129]

如何幫助機會稀少的弱勢年輕人過像樣的生活，這

是世界許多地區面臨的重大挑戰。這些年輕人可能沒有一技之長，也沒什麼生活紀律與規範。專案管理顧問暨創業訓練師卡洛斯·烏里爾·拉米瑞茲·穆里羅（Carlos Uriel Ramirez Murillo）在 2016 年推動一項專案，企圖改變這個社會問題。這項專案的第一階段是向年輕人說明，如何透過專案管理以不同方式展望人生，並且消除他們的貧窮心態，說服他們相信自己才是人生與命運的主宰者，讓他們學習如何以有條不紊的方法展開與結束一項專案。有個 12 歲的男孩叫做凱文，他的父母是毒蟲，他在 10 歲時就組了幫派，常常接觸毒品，生活毫無紀律可言，但他希望能夠改變人生。就在凱文接受這項專案輔導後，他徹底改變，決心聚焦在安排自己的人生。現在，凱文正在學習專案管理，他已經成為一名講師，教導其他小孩如何透過專案追求更好的生活。有個 14 歲的女孩叫做卡蘿，她曾罹患重度憂鬱症，企圖自殺兩次，在她接受專案輔導後，現在正高興的教導其他小孩尋找擺脫貧窮的途徑。

## 66 號公路專案

2015 年 9 月，法比歐·路易茲·布拉吉歐（Fabio

Luiz Braggio）騎著摩托車走上從芝加哥到洛杉磯的美國 66 號公路（Route 66）。身為摩托車愛好者，騎在這條歷史悠久、以風景聞名的公路是他的夢想。這趟摩托車之旅是一時的行動，完全符合專案的特徵，因此，他把這趟旅程取名為「66 號公路專案」（Project 66）。66 號公路專案證明，除了傳統的 IT 與建設專案，專案管理技巧可以、也應該應用在現實生活。這項專案也顯示，詳盡規劃個人專案可以達到更好的結果，幫助你實現夢想。[130]

## 在印尼改善孩童的學習體驗

這項專案始於 2014 年，目的是讓孩童意識到獨特的學習體驗，運用心理學與教育學來活化學習者的潛能。這項專案由印尼日惹大學（University of Gadjah Mada）心理系和心理、教育與專案管理領域的獨立專家共同合作，參與研究活動的人包括數百名心理測驗員，以及超過 5,000 名自願的學生。專案的主要成果之一是名為「AJT CogTest」的測驗工具，能幫助家長與教育從業人員了解孩童的最佳學習方式。[131]

# 第七章

# 專案型
# 組織

**THE PROJECT
REVOLUTION**

專案導向經濟裡的組織：治
理、設計與其他因素。

　　專案革命的影響巨大又廣泛，影響我們生活的每個層面。在商界，專案革命將對工作的組成方式帶來很大的影響，而且有些影響可能已經開始發揮作用。

　　本章探討這種無聲的組織顛覆有什麼含義，檢視專案的重要性，以及專案相關的工作如何影響公司治理、組織設計，以及工作的優先順序。


# 專案導向世界的公司治理 [132]

　　當專案成為工作與創造長期價值的主要方法，董事會與一般公司治理就必須在策略性專案的選擇、排序與監督方面扮演更重要的角色。董事必須學習專案的基本原則與要領，學習如何支援高階主管團隊，幫助他們成功。接下來我要用兩個案例來說明董事會在挑選與監督專案的治理層面扮演的重要角色，一個是正面案例，一個是負面案例。接著我會提出並且說明在全新的專案導向世界中，如何運用 DAFO 的公司治理模式。

## 董事會沒有及早驅動策略性轉型

　　勝景遊（Kuoni Travel）是 20 世紀初創立的瑞士旅

業公司，1990 年代時，它是歐洲知名的套裝假期旅遊服務業者。這家公司一直很成功，長達 30 年間營收穩定，而且穩健成長，經常被指為優質旅遊業與成功企業的範例。然而，旅遊業市場自 2000 年起發生劇變。拜網際網路之賜，旅館業者和航空公司自行設立網站，智遊網（Expedia）與貓途鷹（TripAdvisor）等線上旅行社能提供方便、更快速、更廉價的服務。突然間，顧客可以比價，也可以直接訂機票了。這對旅遊業者的獲利造成巨大影響，尤其是勝景遊這樣的旅行社受到重創，營收接連著幾年持續下滑。勝景遊的董事會和經營管理團隊都沒有充分了解侵蝕產業價值背後的深層原因，他們提出的解釋往往指向特殊事件，例如埃及爆發恐怖攻擊，也就是說，董事會沒有認知到旅遊業的根本變化。

直到 2005 年左右，勝景遊的董事會才了解到情況的嚴重性，認知到旅遊市場已經徹底且永久的改變。董事會成員提出一項策略性方案，意圖把勝景遊轉型為線上旅行社，他們宣布這是公司的第一優先要務，應該大幅增加線上銷售，他們還引進外部專家來協助推動轉型變革。

但是，這項數位轉型專案徹底失敗。[133] 公司無止盡的討論該怎麼應對傳統業務的困境,但從未得出結論。
勝景遊的營收與獲利持續下滑,到了 2015 年 11 月,執
行長彼得‧梅爾(Peter Meier)宣布裁員 350 人。

## 董事會沒能有效監督策略性專案

　　勝景遊轉型專案會失敗的根本原因在於,公司董事
會沒有認知到:對策略性專案缺乏有效監督,會直接導
致這些重要的專案欠缺足夠的管理能力。類似的故事很
多,董事會和經營管理階層常犯下列錯誤:

- **沒有聚焦**
- 選擇投資在**錯誤的策略性專案**(或是投資太多)
- 沒有對其他的重要活動**做出排序**
- 忘了實行**強力的治理模式**,監督專案是否成功執
  行,直到產生專案應有的價值為止。

　　勝景遊不是特例,德意志交易所集團(Deutsche
Börse)曾經好幾次試圖和倫敦證交所合併卻都失敗;
戴姆勒集團(Daimler)購併克萊斯勒(Chrysler)後,
在整合時遭遇重重困難,最終又把克萊斯勒以象徵性的

一美元轉售給飛雅特集團（FIAT Group）；還有比較近期的案例是水泥製造商拉法基（Lafarge）和霍爾希姆（Holcim）困難重重的合併案，這些都是類似原因導致的失敗。

不過，董事會效能不彰的問題還有另一個更重要的原因要特別注意。進入數位與專案導向的時代之後，速度與複雜性對公司和董事會將構成空前的挑戰，多數公司愈來愈需要仰賴成功的策略性轉型專案。[134] 數位化可能需要由數百項專案組成，並且動員大量公司資源進行大型轉型行動。

企業界將逐漸認知到，在紛亂多變的世界裡，公司與事業策略通常必須在成功營運業務的同時，推行能夠幫助維持現有事業、穩定未來事業前景的策略性專案。根據我的研究，平均而言，組織有 30 ～ 40 % 的資源（人員、時間、預算）投入專案相關活動，而專案革命將進一步提高這個比例。但是，現在只有少數公司的董事會有足夠的能力可以執行策略性專案，可以穩健的悠遊在目前紛亂多變的環境，而且還有人建議他們應該注意這個問題。專案執行與治理專長鮮少被視為董事會成員必備的重要技巧。事實上，路易斯・葛斯納（Lou

Gerstner）認為他能成功領導 IBM 轉型，一項關鍵能力就是專案管理，不過很少董事會談論到這項能力。[135] 在新時代，治理與執行專案的能力與訣竅將成為董事會必須具備的重要職能。不過，這涉及到兩個方面：一方面，組織需要優良的策略性專案治理，以避免蒙受嚴重的價值損害；另一方面，為了成功的悠遊在專案導向的新現實世界，組織需要良好的執行策略性專案。那麼，這樣的成功究竟是指最佳的治理實務，還是卓越的執行能力？答案是：成功的組織必須兩者兼具。

當然，要具備優異的專案執行能力，還有最後一個理由，那就是在公司和董事會面臨危機時得以應付，例如，英國石油公司（BP）在 2010 年發生墨西哥灣馬康多鑽油平台（Macondo Platform）爆炸事件的時候。英國石油公司執行長初期處理失當，迫使歐巴馬總統打電話要求新任董事會主席前來白宮開會，在會議中，這位新董事會主席承諾提撥 200 億美元作為損害修復基金[136]，英國石油公司董事會這才開始充分介入，這項為了終結危機的專案終於開始發揮成效。

## 策略性專案失敗的治理層面

要在專案導向的時代取得成功，必須了解策略性專案失敗的根本原因，以及它們和公司治理要素的關連性。證據顯示，通常董事會在監督專案或計畫時，會出現幾項缺失。

策略性專案失敗最常見的根本原因是在投資專案時**沒有深入了解環境，或是沒有詳盡研究專案的成本、效益與風險**，這跟董事會的風險管理與財務資源規劃責任密切相關。這就是導致富通銀行失敗的原因（見第二章），董事會沒有評估投資案的風險程度，他們決定賭一把，拖延支付收購荷蘭銀行的款項。我們也看到相反的案例：蘋果公司的 iPhone 紫色計畫在正式啟動之前的構想階段就花了三年的時間。但現實告訴我們，iPhone 是非常少數的例外，多數董事會總是沒有進行深入分析就展開重要的專案。

另一個常見的錯誤是沒有針對專案的重要性進行排序。當組織執行過多策略性專案，卻沒有高層排列執行的優先順序時，公司的資源就會太過分散，導致專案團隊爭搶資源，原先承諾要給特定專案的貢獻將不被重視，甚至沒辦法兌現，多數專案將無法符合原先的成本、時間與預估效益。無可否認，這是董事會的失敗，**這跟董事會的職責有關，他們應該提供給組織明確的策略方向**，勝景遊的轉型失敗，顯示出董事會在這方面明顯失職。而且，勝景遊的董事會沒有花時間思考影響旅遊業的更大趨勢，以及這些變化會讓公司面臨哪些危險。為了幫助董事會和高階領導人改進專案排序的流程，我發展出一套好用的「目的層級」（Hierarchy of Purpose）架構，第八章會詳細說明。

有些策略性專案會失敗，是因為在執行階段**缺少董事會的監督，或是沒有獲得董事會的支持**。董事會可以透過各種方式來支持與監督策略性專案，但最糟糕的情況是，專案監督被董事會過多的議程給淹沒。董事會監督與支持專案有幾種方式：質疑專案的理由與效益，確保專案與公司的策略一致；做出重要的取捨決策；提供更多資金與資源；設定一系列的專案里程碑來控管專案；運用董事會的人脈來為專案引介專家；當需要中止專案時，做出決定。

**糟糕的決策和治理無方**往往是專案失敗的根本原因。例如，太快啟動專案，沒有充足的策略性理由（有時只是為了取悅某一位董事會成員），或資源不足；接下來則是拙劣的指揮專案，即使策略性理由已經大幅減少，仍然讓專案繼續執行下去，這可能是因為發起人或專案領導人有強烈的自尊心，不願意中止專案。

一個結構性的危險訊號是在專案出現嚴重延遲，而且投入巨大的成本，但卻只有完成專案才能獲得成果（沒有早期利益，或是只完成專案不會有成果）的時候。製藥業的大型研發專案，以及大型基礎建設專案（例如英法海底隧道，見第四章），都是好例子。這類專案的問題在於，一旦出現付出成本，很可能在任何時候需要再投入資金；如果這項專案值得進行，接下來的任何時間點，即使在付出成本之外再追加成本，都會被視為值得繼續執行。例如，一項成本 100 億歐元的專案如果被視為值得執行（因為預期效益達到 200 億歐元），做到一半時，即使已經投入 50 億歐元，未來還可能再增加 100 億歐元成本，讓總成本提高到 150 億歐元。接下來，類似的情形可能再度發生，而且承包商很了解這一點，因此導致專案進度往往嚴重延遲，大幅超出預算。英法海底隧道就是一個好例子，它的股東損失全部的初始投資資金。這為董事會與高階主管帶來關鍵的兩難困境：對於那些沒有按照規劃進行的專案，何時該喊停？

何時該繼續？[137]

　　接下來我會敘述董事會展現適當專案能力的例子。在這個例子中，我認為董事會具備應有的重要能力，可以在專案導向的世界裡取得成功。

## 日產汽車與雷諾汽車聯盟

　　1999 年 3 月 27 日，雷諾汽車公司和日產汽車公司簽署聯盟協議，研擬合作策略，謀求共同利益，兩家公司的董事會都非常審慎看待這次的策略聯盟。日產瀕臨破產，往來銀行已經決定不再展延貸款，日本的汽車公司都無意出手援救。法國雷諾汽車公司的董事會意識到 1993 年曾試圖推動類似的策略聯盟，但沒有成功。當時，雷諾想促成卡車事業部門和瑞典富豪汽車的卡車事業部門合併，但到最後一刻，富豪汽車因為害怕失去獨立性而撤出聯盟。

　　這回，雷諾和日產都非常專注在這次的合作，把這項專案視為攸關公司生存的必要條件。事實上，這個聯盟將保障雙方都達到保持競爭力的基本水準，而且可望進一步產生聯盟綜效，彌補雙方各自的一些弱點。例如日產的弱點是供應鏈和設計方面，雷諾的弱點是製造品質與改進方面。由於兩家公司的文化差異太大,結成聯盟後,他們還是大致上維持自主營運,聯盟關係主要在是財務層面,其次是分享技術,包括主管階層的人才交流,多半是雷諾派遣主管入主日產。

因為這項專案本質很複雜又具備策略性,雙方非常注意專案的治理與執行,雷諾公司和日產公司在三個重要層級上建立一套共同的架構:

- **董事會**:兩家公司的董事會主席和雷諾公司專責聯盟專案的高階主管卡洛斯・戈恩(Carlos Ghosn)坦誠溝通;
- **公司與事業單位層級**:葛恩邀請雷諾部分重要主管加入他的團隊;
- **營運層級**:成立幾支合作專案任務小組,由雷諾的高階主管進入日產,彌補日產內部的經營管理能力缺失。

結成聯盟的頭兩年,雷諾公司和日產公司在處理員工、內部和外部流程、顧客、供應商與市場夥伴方面的差異上出現一些摩擦。雷諾必須縮減每週工時,因為新

的勞工法令把每週工時縮減至 35 小時，於是他們致力
於在新的勞動市場符合政府政策的規範；然而日產公司
方面極力主張在日本採行長工時，以及為了公司生存而
自我犧牲的種種優點。

在這些問題演變成威脅到聯盟的合作關係之前，雷
諾公司和日產公司的董事會採取行動，朝著共同規劃與
執行邁進一步。兩家公司決定成立一個聚焦在協調和治
理聯盟與利益的單位，於是，2002 年 3 月在荷蘭阿姆斯
特丹註冊成立的雷諾－日產有限公司（Renault-Nissan
BV）名下成立聯盟策略管理委員會（Alliance Strategic
Management Board），作為兩個組織的最高營運層級。

事實證明，聯盟策略管理委員會是橫跨兩間公司協
調專案的大功臣。這個委員會超越一年只開幾次會的公
司傳統委員會，他們每個月至少開一次會，實際上的功
能相當於專案的指導委員會[138]。我在討論「專案規劃圖」
時提過，這是專案成功必要的最佳實務。密切的監督與
治理，促使兩家公司共同規劃與執行，但同時也維持雙
方的高度獨立性。兩家公司相互持股，共同推動重要專
案，並形成聯盟，但其他部分仍然維持獨立，各自營
運，有各自的主管委員會直屬於董事會。卡洛斯·戈恩

身兼雷諾執行長、日產執行長與雷諾－日產有限公司執行長，這讓高層維持必要的意見一致性，沒有讓傳統文化與政策的差異性侵蝕兩家迥異的公司共同合作的精神。

聯盟策略管理委員會領導與協調兩家公司的中程與長程策略，其中包括先進技術與產品發展共同專案的長期計畫。在汽車、財務政策、地區市場覆蓋率變化，以及新產品發展等相關問題也是由這個委員會做決策，委員會也得到授權，可以在雷諾與日產之下創立共同的公司，並且在新事業夥伴和大型投資專案等方面擁有決策權。

許多實證顯示[139]，這個聯盟對兩家公司的財務績效產生正面貢獻，除了一開始節省的 33 億美元成本，2004 年，雷諾－日產聯盟公司的汽車銷量達到 578 萬 5,231 輛，比前一個年度成長 8％，全球市占率在 2017 年初達到 9.6％，晉升至全球第一。

## 董事會如何在專案導向的世界做出卓越貢獻？

現今，數位轉型是多數公司面臨最大的策略性挑戰，這些挑戰包含重新界定事業的策略性，涉及使命改變，接著則是事業三大層面（目標市場區隔、產品與服

務的供應、商業模式）的重大改變。重新定義事業的成
果無疑需要推動一些轉型專案，我認為，董事會此時應
該負起責任，建立專案執行能力，支援高階主管團隊與
組織，幫助重大轉型得以成功。

雷諾－日產聯盟的成功展現出董事會的貢獻有多麼
關鍵，以及董事在選擇與監督策略性專案方面扮演哪些
重要角色。相反的，這些董事如果像勝景遊的董事那
樣，忽視自己在這些事務上的職責，將造成公司治理中
的一大弱點。不只可能為公司帶來嚴重後果，大幅摧毀
價值，往往還會導致公司瀕臨破產，甚至可能是組織破
產的根本原因。

為了應付這項挑戰，善盡受託的責任，董事會與高
階主管應該採行下列的組織架構與文化變革，我把它稱
為**新專案導向世界的公司治理 DAFO 模式：**

1. 紀律（**Discipline**）：推行紀律與當責的文化。
2. 校準（**Alignment**）：組織的架構應該符合改變
   中的全新現況。
3. 聚焦（**Focus**）：改善組織的關注焦點與成果。
4. 監督（**Oversight**）：介入治理，以監督和支持專

案的執行。

## 紀律

國家、組織與個人需要紀律，才能執行專案；沒有紀律，很難有持續的表現。

紀律的定義是「經過訓練，因此得以遵循規範與準則」，或是「開發或改善一項技能的行動、練習或規範」。[140] 建立紀律需要方法，才能幫助組織和個人能快速反應與表現。軍隊是最有紀律的組織類型，沒有紀律，軍隊無法執行防禦計畫。

紀律不應該被視為負面、有礙創新的東西，相反的，創新得仰賴紀律，組織應該清楚區分創意活動的時間，以及分配用來執行專案的時間。表現最優秀的組織和個人能夠區分出創意活動與執行專案的不同，也能快速的從創意階段轉入執行階段。如果花費太多時間創新，等到決定執行專案時，時間就會太遲。董事會和高階主管團隊的挑戰是在紀律和創造力／彈性之間找到適當的平衡。

對於個人與員工而言，紀律意味的是，一旦專案核准，就應該一絲不苟的執行，沒有質疑。但是，這並不是說專案沒有討論空間和彈性，或是專案不能改變，尤其是如果專案在設計或執行階段遇到意料之外的狀況時，當然可以進行必要的調整。

最後，紀律很重要的一個層面是，專案的效益往往要到中長期才看得出來，在短期內施加過大的壓力可能對專案有害。

## 校準

組織的活動與架構是否一致並取得平衡，以及哪些專案被視為關鍵等因素，將左右專案績效與執行的成功。

但是，在「穀倉心態」（silo mentality）*的影響下，管理階層往往低估或完全忽視這個事實，一些部門主管會繼續在自己的小王國裡運作，認為其他部門合作相當困難。在許多情況下，一個部門的關鍵績效指標可能和另一個部門的關鍵績效指標完全不同。

因為能夠幫助達成策略性目標而被選中的策略性專案幾乎都是跨部門性質，需要整個組織團結一致。這意

---

\* 在管理學中，穀倉（silo）指的是獨立運作的系統、流程或部門等，當一個部門或單位產生「穀倉心態」就會故步自封、不願意與其他單位或部門交流、分享或溝通。

味的是，策略性專案，例如把業務拓展到另一個國家，
需要來自不同部門、單位的資源與投入：需要拓點專家
尋找據點、律師處理法律文件、人資專家招募人才、業
務員研擬商業計畫等。

因為這類專案的規模與重要性，需要這些部門有一
致的目標共同合作，否則專案無法成功。

## 聚焦

多數公司和許多員工非常不專心。哈佛大學心理學
家馬修・奇林斯沃斯（Matthew A. Killingsworth）和丹
尼爾・吉伯特（Daniel T. Gilbert）所做的一項研究顯示，
不專注正是人類的本性。[141]

在任何時間點，平均約50％的人沒有專注於當下正
在做的事。辦公室裡的員工得花費30～40％處理意外
的干擾，以及遭到干擾後重新聚焦在手邊的事情上。20
年前，像這樣浪費時間的比例沒那麼高，因為那個年代
沒有這麼多干擾的東西。

專注可以帶來秩序，專注需要耗費精力、努力，還
得面對一些痛苦，但人們往往試圖逃避這些麻煩。管理
高層沒有訂定或宣布應該優先處理的要務，於是，多數

員工便自行決定要把時間和心力投入哪些工作，結果他
們決定先做輕鬆容易、但不重要的事務。欠缺專注導致
大量時間、金錢與資源遭到浪費，導致不當的執行策
略、專案失敗，以及不快樂、沒有認真投入工作的員
工。成功的人都是高度專注的人，成功的組織也是高度
聚焦的組織，雖然每個事業在一開始都相當聚焦，但只
有那些能夠一直保持聚焦的事業，最終才能成功，繼續
生存。

　　如果公司的管理高層不專注，整個組織也不專注的
可能性將明顯提高。欠缺專注不僅會造成不快樂，也會
造成錯誤、浪費時間、溝通不良與誤解、生產力降低，
以及金錢損失。但是，當管理高層高度專注時，這種態
度將傳達給組織的人員，大幅提升效能。

　　專注的好處非常多，一旦能夠專注，之前提到的問
題全都可以克服。賈伯斯在 1997 年重返蘋果公司時，
最先做的一項決定是，在幾星期內取消當時約 70％ 的產
品與數百項專案 [142]，他認為公司的發展不聚焦，為了生
存，就必須高度聚焦。藉由提高聚焦，賈伯斯成功的讓
蘋果公司轉型，任何高階主管也可以這麼做。

## 監督

傳統的部門型組織之所以難以支援和貫徹執行策略性專案，很重要的一項原因是欠缺適當的治理架構。雖然，執行長與高階主管委員會要為公司所有計畫與行動負起責任，但現實是，現今多數公司仍然沒有為了有效執行公司策略，明確的負起分派工作的責任，這也是導致這類計畫往往失敗的原因。

策略規劃部門整合出未來三到五年的策略計畫後，就交給各部門去執行。但是，在部門型組織裡，各個部門只聚焦在自己負責的部分，例如，行銷部門只聚焦在行銷計畫，把行銷計畫分解成不同的行動、方案與專案。

因此，現在的公司治理架構需要建立一個角色（甚至一個部門），負責跨部門的策略性專案，為執行與拓展策略統整出一致的價值觀，最重要的是，當策略沒有被正確執行時，要提出警訊。此外，會議應該包含一套標準的議程，鼓勵討論專案以及專案可以為組織創造的價值。進入數位時代後，尤其需要治理的能力，以支持與促進對專案的了解，以及建立應該執行的例行公事。

了解到董事會、領導人與個人必須如何改變，以促進專案的成功後，接下來，我們來看看組織要怎麼調整,以提高敏捷度,因應市場機會與變化。

## 如何成為敏捷組織?[143]

艾爾弗雷德・錢德勒(Alfred Chandler)在 1962 年出版的《策略與組織架構》(*Strategy and Structure*)中指出,組織的架構應該取決於它選擇的策略,否則,策略的執行將效率不佳。[144]

進一步延伸這個原理,組織架構是否反映專案活動的需求,以及組織架構反映專案活動的程度,將左右專案是否成功執行。如果高階主管低估或完全忽視這項事實,組織的進化或調適速度將趕不上商業與市場的變化速度,結果,組織將消失,大部分的策略性專案將失敗。

多數西方公司採用部門型或階層型的組織架構,階層型組織的運作原理目的是在效率與專業化,在穩定的世界中,這種組織架構能夠有效率的運作。此外,受到麥克・波特的價值鏈模型所影響,部門型組織依據價值鏈劃分部門。[145]傳統的公司通常最高層是執行長、財務長、營運長與資訊長,下個階層則是各事業單位和各功能部門的領導人,每個事業單位和功能部門有自己的預算、資源、目標與優先要務。階層級型組織的資訊統合控管在公司高層的少數人手裡,由領導團隊做出最重要以及策略性質的決策,而他們的決策通常緩慢又遠離市場現實。

現今的組織真正需要的是一個能幫助人們做決策的組織架構,組織必須能在事情實際發生的層級有所反應,通常這指的是營運的層級。

此外,直到不久前,評量各個事業單位或部門的成功與否,使用的是針對每個事業單位或部門制定的關鍵績效指標。例如,財務部門成功與否的評量指標是它是否能夠算帳,準時製作出財務報表;人力資源部門成功與否的評量指標是它有沒有留住優秀人才(低離職率),或是是否準時完成員工評量。

有些單位的領導人往往會建立自己的地盤,導致跨單位的合作通常很困難,甚至不同單位的績效指標相互衝突也不是什麼罕見的事。

但是,如同之前所說,大多數重要的專案、大多數與策略最相關的專案,都是涉及全公司、跨界性質的專案,需要來自組織每個部門的資源、時間與預算。如果沒有來自各單位的投入與貢獻,專案不太可能成功。

在傳統的部門型組織裡，跨部門或全公司性質的專案總是面臨相同的困境，其中一些困境和下列疑問有關：

- 由哪一個部門領導專案？
- 由誰擔任專案經理？
- 專案的發起人是誰？
- 如果專案成功，誰會獲得獎勵？
- 誰有指派專案人力資源的所有權？
- 專案的經費由誰支付？

穀倉心態會讓狀況更加複雜，經理人往往納悶為何應該投入資源和預算，提供給一項雖重要、但成功之後不會獲得任何功勞的專案。而且獲得好處的人是管理階層裡的某位同事，這個人還往往是他們的直接競爭對手。

在傳統的組織架構中，不可能快速執行專案。在這種複雜的組織架構下，光是管理一項專案就已經相當不容易，想像一下，要挑選和執行數百項規模不一的專案，那該有多困難。

# 中國模式 [146]

有趣的是，即使面對傳統組織有穀倉心態、缺乏敏捷力、耽溺於現狀、創新麻痺等各種問題，中國企業經常能成功改造組織。我們來看看三個成功的中國組織模式：小米集團、阿里巴巴集團與海爾集團。

## 小米集團

小米集團是一家行動網路公司，專門設計與生產智慧型硬體與電子器材，是中國最有價值的獨角獸（價值超過 10 億美元的新創公司）之一，曾被《麻省理工科技評論》（MIT Technology Review）評選為「最聰明的前 50 家公司」。小米集團創辦人雷軍曾擔任《連線》（Wired）雜誌封面人物，當時的配圖標題是：「是時候抄襲中國了」。

小米集團創立於 2010 年，創立後快速崛起，四年內，小米智慧型手機在中國的銷售量就超越蘋果iPhone。接著，小米以極快的速度在市場上推出新產品，幾乎每一次不是顛覆市場龍頭公司，就是讓他們震驚。截至 2018 年為止，小米已經成功推出超過 40 種產品，從智慧型電鍋、空氣清淨機，到掃地機器人與智慧型跑鞋等。

　　小米的行銷策略完全仰賴數位科技，這很不尋常，非常引人注目。它使用線上通路和社交媒體平台，而不是使用必須耗費大量固定資產的零售店和經銷商，所以，小米能以低成本的銷售通路來應付目標客群的需求。不過，小米真正創新的層面是它**根據專案而定的組織模式**，它在市場上推出的 40 多種產品不是以策略性事業單位來運作，這些單位也沒有變成組織階層的一部分。

　　這家公司的組織架構相當平坦，七名共同創辦人距離工程師與業務團隊只相隔一個階層，工程師與業務團隊是公司最大的員工群。此外，**共同創辦人必須直接涉入專案和新產品的開發工作**，他們也參與設計使用者介面（例如小米本身的使用者平台），跟進產品與專案的最新發展狀況。小米集團的契約明訂，包括創辦人在內，每一位員工都有職責直接處理一定配額的顧客要求與問題，而且公司有一套先進的數位問題分配系統，可以把問題分配給任何一位適合解答的員工。顧客親近度不僅是員工績效評量的一個項目，也是顧客導向專案的驅動因子。小米**把每項新產品的開發視為一項專案**，而且可以動員公司內外的資源。

小米的專案有兩個特別引人注目的特色：

1. 產品發展的快速迭代，以及顧客導向的專案；
2. 利用外部資源生態系來加快專案的執行。

　　首先，小米的新產品開發方法聚焦在儘快把原型推到市場上，然後積極邀請使用者參與，微調與更新技術和設計，由此得出大致上和社群共同開發的產品，更接近市場需求，研發流程也更有效率。小米也使用最符合資格的零組件供應商，聚焦在整合和設計，而非生產與硬體的研發。小米的關鍵能力不是製造面，而是視專案而定的組織架構，商業模式、行銷、促銷與設計都以和顧客互動為中心，因此才能供應顧客想要的高品質產品，而不用像傳統組織模式那樣，在生產與研發上投下大筆投資。

　　其次，小米利用外部資源，加快顧客導向專案的執行。除了最早的三項設計：智慧型手機、電視機機上盒、路由器，其他產品都是和別家公司或創業者以專案模式共同合作開發。例如，小米發現空氣清淨器的市場需求很大，但無法找到合適的生產者，因此，它向北方工業大學前工業設計系副教授蘇峻提議，由他研發一款空氣清淨器，小米則投資他的新創事業。九個月內（2014 年 12 月），產品就研發完成並上市，售價僅 899 人民幣，是當時市場上空氣清淨器平均價格的三分之一。

## 阿里巴巴集團

阿里巴巴集團是目前全球最大、最有價值的零售商，版圖橫跨 200 多個國家，員工超過五萬人，2018 年初時市值約 5,200 億美元，價值與規模都排名全球前十大。阿里巴巴的成功，很大一部分歸功於創新的組織架構，以及獨有的商業生態系。自 1999 年創立以來，它的商業生態系助長集團的快速成長和事業轉型。商業生態系指的是「一種新的組織形式，能讓許多事業透過各種權益關係互利共生，並且把產品與服務結合成以顧客為中心的供應模式。」[147]

阿里巴巴的商業生態系包含至少十種產業的無數公司、事業與專案，這些單位大多獨立營運，既不是策略事業單位，也沒有轄屬關係。事實上，阿里巴巴商業生態系中許多參與者的規模仍然非常小。

阿里巴巴廣為人知的一個特徵是，它是數位科技為主的公司,也是事業與專案構成的動態體系。阿里巴巴集團不是由上而下的指揮新產品開發或專案的執行,而是被視為「重力提供者」(gravity provider)和網絡的指揮者。[148] 舉例而言,阿里巴巴集團的核心是擁有七億用戶的四個商務平台:阿里巴巴網站(Alibaba.com)、阿里巴巴 1688 批發網(1688.com)、淘寶網(Taobao.com)與天貓網(Tmall.com)。此外,公司、事業與專案不是基於財務或權益才得以互利共生,儘管要加入這個商業生態系必須滿足這些先決條件,他們能夠保持相互依賴的關係是因為成長策略、投資方法和產品與服務之間的互補性、事業綜效與資源分享。**在這個生態系中,創業專案失敗可以被容許**,不會對整個生態系的存續或管理高層的資歷發展構成嚴重影響。

阿里巴巴生態系是根據價值觀的契合程度(而不是既定準則)來挑選和管理員工,阿里巴巴的重要價值觀包括顧客至上、團隊合作、擁抱變革、真誠、熱情與奉獻。這種價值觀導向的評選方法形成鼓勵冒險、堅實的組織文化與競爭意識。集團每一季都會評量員工的表現,評量指標不只有績效,價值觀是否契合也一樣重要。阿里巴巴也沒有人力資源指南,只用一套原則來指引員工如何在變動劇烈的環境中工作，員工可以發起想要做的任何一項專案，不管他們隸屬於哪一個公司或部門。事實上，阿里巴巴生態系提供一個安全的資源市場，讓專案發起人可以實行構想，不因公司的階層領域劃分或是複雜的階層與轄屬架構而受限。

　　為了維持商業生態系的創新精神，阿里巴巴獻出相當大的努力。雖然，中國多數企業家是白手起家的草根創業者，但中國網路事業中有相當多創業者是出身大型科技公司，其中，阿里巴巴培育出來的執行長最多。截至 2016 年初，超過 450 人從阿里巴巴集團出來自行創業，總計有超過 250 個事業體是阿里巴巴離職員工創立的，其中許多新專案是源於阿里巴巴生態系，因此得以善用生態系裡豐沛的資源和機會。他們將**新專案的啓動與執行留在這個生態系裡進行，因此不會受困於官僚制度、部門的封閉或管理階層的限制。**

### 海爾集團

　　海爾集團是目前全球最大的大型家電品牌，集團創立於 1984 年，自 2009 年起成為白色家電的最大供應商，全球市占率達 10 ％，2016 年時有超過 7 萬 8,000

名員工。世界品牌實驗室（World Brand Lab）<sup>*</sup>發表的「全球最具影響力500大品牌」排行榜上，海爾位居全球白色家電類榜首。海爾集團2016年的營收超過2000億人民幣，同年以54億美元收購奇異集團（GE）旗下的家電事業單位，這在30年前海爾創業之初是想像不到的壯舉。海爾也是最早持續不斷的在市場上推出新產品的中國企業之一，他們推出的許多產品是專門為了滿足中國市場的特殊需求，例如，快速洗衣和15分鐘不間斷洗淨的洗衣機。海爾公司的新產品構想不是只來自工程師和經理人，許多產品構想是來自前端服務人員，例如維修員與業務員。海爾的「水晶」（Crystal）系列洗衣機結合使用者觀察、問卷調查與轉速和運轉噪音方面的創新。

海爾從1998年起開始實驗各種新的組織架構形式，以減少組織階層與控管，提高自主性，例如自組織的工作單位和內部勞動市場。但是直到2010年，海爾才在全公司建立一種獨特的專案組織平台。

海爾建立**平台型組織**的第一步是徹底改造公司的組

---

<sup>*</sup> 品牌研究與評量機構。

織架構。首先，公司裁撤策略性事業單位和管理階層，目的是創造和產品使用者的零距離。接著公司**改組成各有特定工作重心的三個專案單位**：第一個單位聚焦在新產品的開發、行銷與生產，最接近使用者；第二群專案單位是根據公司的支援性功能來組織，例如人資、會計、法務等；第三個單位是主管團隊，這是最小的單位，在倒金字塔的底部，職責被重新定義為支援性功能，以支援那些面對顧客、自組織的專案單位。

海爾集團現在有數千個工作單位，其中上百個工作單位的年營收超過一億人民幣。最近，它的平台型組織已經進一步演化，讓非核心產品的工作單位分支獨立出去。自 2014 年起，海爾開放外部投資人加入海爾投資基金的行列，共同投資在有前景的新產品，例如，一間家具製造公司投資海爾一個工作單位發展出來的家庭裝潢商務平台有住網（Youzhu.com）。截至目前為止，41 個分支出去的獨立事業已經獲得資金挹注，其中 16 個事業獲得的投資超過一億人民幣。

藉由去中央化、去中介以及拆除內部溝通屏障，海爾裁減 45％的員工，但創造出超過 160 萬個工作機會。

## 精實敏捷與專案導向的組織架構

　　大型組織通常有強大的由上而下領導與快速執行能力，但中國企業同時也具備高度創新條件，並透過敏捷的專案轉型調適市場的變化。小米、阿里巴巴與海爾都顯示出，這些中國企業如何結合精實、敏捷、設計導向的方法和專案導向的組織架構，組織並且擴展集團的事業。

　　**敏捷：**隨著網路與後續的數位技術革命的到來，先驅者快速調適，令許多國際企業驚訝。不僅數位原生代的百度、阿里巴巴與騰訊，以及小米，還有索尼（Sony）、海爾等傳統製造業者也擁抱數位技術，在新時代創造競爭優勢。藉由擁抱數位技術，並且把數位技術深植於組織架構中，這些公司得以快速迭代產品，調適市場變化。

　　**精實：**為了在複雜多變的中國市場上營運，這些公司已經把組織設計成一套工作系統，而不是一套控管系統。這套方法聚焦在透過實驗和學習來做決策，授權最靠近顧客的員工。在這些新穎的組織方法中，可以發現精實製造的重要特色：零浪費、持續優化品質與流程等。例如，阿里巴巴採取價值觀導向，而非控管導向的管理方法；小米的產品迭代與快速更新產品開發，基礎邏輯是實驗與快速學習的週期循環。

設計思考：這些中國企業的成功故事有一個共通點，他們的最終目標是做到和顧客零距離，這除了能夠提高反應的靈敏度，也可以幫助組織應付不確定性，並且透過實驗探究顧客想購買的解決方案。事實上，中國企業會擁抱設計思維，是源於必要：市場快速變化，新顧客不斷湧現，但顧客忠誠度有限，而且平均而言這些顧客相當成熟。在這樣的環境下，中國企業必須盡可能接近顧客，因此許多新產品開發專案，例如海爾的水晶系列洗衣機、小米的消費性電子產品，完全是顧客導向，而非產品或技術導向。

專案導向的組織架構：小米、阿里巴巴與海爾的組織模式都很有代表性，他們建立以顧客為中心的創新商業生態系，以及能夠在專案導向的世界中成功的組織架構。這三個集團有一些共通特質：第一，他們不是以策略性事業單位作為主管、治理與管理的組織架構；第二，他們具有創業幹勁，而且相當投入；第三，他們的組織架構相當簡單。此外，冒險或執行新專案不會受到官僚制度的限制，能夠在商業生態系的組織架構中獲得所需資源。


## 不調適，就會被淘汰

　　過去 100 年間，西方企業維持相同的組織架構，於是階層式組織架構變成創新、成長與成功執行專案的一大阻礙，對許多公司來說，改變模式已經變成生存的必要條件。

　　在此同時，中國公司已經經過實驗，率先採用現代模式去運作組織，小米、阿里巴巴與海爾的三種模式，可以幫助西方公司擺脫老舊與過時。調整組織架構、轉移權力、打破傳統的管理模式是前進的唯一途徑。但是，要做到這點，必須犧牲守舊的個人主導心態，換取組織的共同利益，也需要一位有勇氣與決心的領導人。

# 第八章

# 在專案的世界
# 脫穎而出

THE PROJECT
REVOLUTION

專案管理革命能讓具備前瞻
思維的組織，快速創新改革
現在的商業模式。

# 賣專案，不是賣產品

企業一開始賣的是產品，後來賣服務，近年來則流行建議企業銷售體驗與解決方案，滿足顧客的需求與渴望。

其實，這些東西企業都會銷售，但確實有愈來愈多公司銷售的是體驗有關的專案。想要了解其中的差別，我們以 Nike 或愛迪達（Adidas）等運動鞋企業為例：如果這些公司聚焦在銷售體驗，可能指的是銷售當地跑步俱樂部的會員資格；若他們聚焦在銷售解決方案，可能指的是他們會設法幫助你達到目標體重。雖然這些方法提供的價值顯然比賣給你一雙運動鞋的價值還要高，但這些方法也有限制。賣產品，限制公司能夠從顧客那裡賺到的營收：除非公司創新，持續更新產品，否則，顧客流失率往往很高，而且可能難以誘使顧客回購。銷售體驗，提供的是難以量化與估算的無形好處，通常必須聚焦在為顧客量身打造，滿足每一位顧客的需求，因此難以規模化量產。銷售解決方案的做法則是在 2000 年代初期流行起來，因為當時顧客不知道如何解決問題，但在現在的網路時代，人們可以自己上網研究、釐清解決方案。

聚焦在販賣專案，意味的是幫助人們做更特定的事，例如當你要跑一場波士頓馬拉松比賽，Nike可以為你供應傳統的運動裝備，此外也可以提供一份訓練計畫、一份飲食規劃、一名教練，以及一套監視系統，幫助達成你的夢想。這項專案有一個清楚的目標（跑完這場馬拉松），一個明確的開始與結束日期。

這只是其中一種類型的專案而已，專案有無窮的可能性，能做到的事情比產品還多。

以飛利浦為例，這家公司由傑拉德・飛利浦（Gerard Philips）和父親菲德烈・飛利浦（Frederick Philips）於1891年共同在荷蘭南部的恩荷芬市（Eindhoven）創立，起初生產碳絲燈泡。飛利浦的成功，靠的是創新文化和快速推出新產品，在超過一世紀的獲利生存戰中，他們快速推出種類廣泛的產品。現在，飛利浦供應的產品琳瑯滿目，從自動體外心臟去顫器到城市的節能照明，他們甚至把智慧型感應技術應用在電動牙刷上。

要供應這麼多種產品，意味飛利浦現金充沛，然而過去十年，這家公司的營收成長停滯，股價也反映外界對公司前景的疑慮。面對現實的變化，飛利浦展開長久而認真的自我檢視，找出公司必須解決的重要問題是：
事業缺乏聚焦，公司欠缺策略執行能力。2010 年代中
期，在競爭愈趨激烈的情況下，飛利浦的董事會決定
把公司拆分成三家公司：消費者優質生活、照明、醫療
保健。

　　接著，飛利浦推出「加速」（Accelerate）計畫，要
藉由把每家新獨立的公司轉型為明確聚焦的組織，以加
快成長。這項加速計畫是透過各種專案來推動轉型變革。

　　多年來，飛利浦已經發展成一個錯綜複雜又模糊不
明的矩陣型組織，權責由產品單位、市場區隔、國家、
地區、功能部門與公司總部分擔。現在，公司試圖要簡
化這種錯綜複雜且過時的組織架構。

　　因此，飛利浦把專案擺在中心位置，明確指出專案
是打破穀倉的最佳管理架構，鼓勵團隊在組織中進行跨
部門的點對點運作。

　　他們採取的一項行動，把飛利浦健康科技（Philips
Health Tech）部門區分為三個事業部，因此，就必須大
幅增加透過專案來執行的工作，從每年賣給顧客幾項產
品，轉變為建立維持數十年的密切關係。

## 從銷售產品變成銷售專案

　　飛利浦健康科技面臨的最大挑戰是產品的平均壽命變得愈來愈短，產品推出後，很快就被競爭者抄襲，這代表他們必須降低定價，因此，產品很快就變成低價商品，根本沒有機會獲得長期、穩定的高利潤。就連飛利浦的高端醫療保健產品也遭遇相同的問題。把重心從銷售產品轉變為銷售專案，就是為了解決這個問題而做出的策略性回應。

　　舉例而言，以往飛利浦銷售高科技醫療器材時，只是當作產品來銷售（到現在依然是這樣），但飛利浦已經開始尋找能運用這些產品的專案，如果有人考慮設立一家新的醫療中心，飛利浦就會在專案的一開始成為他們的夥伴，包括為新設的醫療中心負責醫療器材的運作與維修。

　　飛利浦改為採取聚焦在銷售專案之後，其中一個成果是，飛利浦和威斯特徹斯特醫療中心健康照護網絡（Westchester Medical Center Health Network）的合作。威斯特徹斯特醫療中心建立網絡組織的目的是改善紐約州哈德遜河谷（Hudson Valley）地區數百萬病患的醫療照護。透過長期的合作，飛利浦為威斯特徹斯特醫療中心健康照護網絡提供廣泛的臨床與業務諮詢專案，以及先進的醫療技術，例如造影系統、病患監測、遠距醫療照護與臨床資訊學解決方案。

飛利浦與其他醫院建立類似的長期合作關係之後，醫院得以顯著改善放射線照相數量，磁振造影檢查的等候時間縮短一半，而且這些組織的技術支出降低 35％，臨床醫療品質明顯改善。[149]

藉由更加聚焦在銷售專案作為顛覆性轉型手段的公司，不只有飛利浦。微軟把公司的全部焦點轉向雲端服務事業，而且大多以專案的方式運作，這家公司目前有大約一萬項執行中的專案。2017 年預估市值已經達到 310 億美元[150] 的點對點（P2P）線上市集暨民宿網路 Airbnb 已經宣布，公司將開始銷售「體驗」，也就是小型觀光專案。這些專案一方面作為新的營收來源，另一方面也是為了因應一些較大型市場主管當局加強監督查核的動作。生物製藥業也尋求和政府或其他採購者合作，共同執行明確聚焦的治療方案，而不再只是供應個人用的藥物。

## 專案革命影響事業核心

很顯然，專案革命，以及從銷售產品或服務轉變為銷售體驗或解決方案的專案，將為公司與商業模式帶來相當大的挑戰，下列是幾項重要的挑戰：

- **營收流**：改為銷售專案後，公司營收不再像以往那樣，一賣出產品就立即增加營收，而是變成長期（專案期間）的累積。這將影響到營收的認列方式、會計政策與公司的整體估值。
- **訂價模式**：改為銷售專案後，公司必須發展新的訂價模式。產品訂價比較容易，因為大多數固定與變動成本是已知的資訊；專案的訂價則比較難，因為專案會受到許多外部因素的影響。
- **品質控管**：光是供應優質產品已經不能滿足顧客的期望，專案執行期間和執行後的服務也必須盡可能達到最高品質，才能確保客戶再度購買專案。
- **品牌與行銷**：傳統的行銷聚焦於短期的立即效益，改為銷售專案後，行銷團隊必須推銷這些專案有哪些長期效益。
- **業務人員**：購買專案的人不再是組織的採購部

門，專案的推銷對象變成事業領導人。因此，業
務人員和業務技巧必須升級，而且必須具有策略
與專案管理能力。

請稍微停下腳步，思考你的組織現在銷售什麼？銷
售體驗專案嗎？答案將會愈來愈清楚、肯定。如果你的
組織不是銷售體驗專案，那麼，當心了，你的產品可能
很快就會變成其他組織銷售專案中的一部分。


## 對工作進行排序：目的層級的架構 [151]

對工作進行排序（prioritizing）通常被視為一項個
人技巧，當人們思考與檢視當天、當週、當月或當年的
時間該如何分配或使用時，會對工作進行排序。但是，
對工作進行排序也是一項重要的組織與領導能力，事實
上，組織與個人如何對工作進行排序，以及排序的方
法，會攸關他們的成功。但令人意外的是，大家普遍最
不了解這個領域、甚至忽視它。許多組織、個人選擇和
啟動專案時，往往不是取決於策略和事實，而是依據組
織的專案容納量和直覺決定。

　　「優先順序」有很多種含義，但在組織中，工作的優先順序是根據重要性來決定，而且會反映在資源分配上，尤其是珍貴的時間資源和金錢資源。

　　根據我的經驗，許多個人和組織之所以失敗，主要原因之一是不清楚哪些事情急迫，或是根本選錯優先要務。搞錯優先要務可能會有非常慘重的影響。

　　看看近年來企業失敗的兩起經典案例。第一個是柯達公司（Kodak），他們不但沒有預見數位照相技術的興起，還選擇錯誤的優先要務。柯達在1990年代投資數十億美元發展使用行動電話與其他數位器材拍照的技術，但遲遲未發展針對大眾市場的數位相機，因為他們害怕扼殺公司最重要的膠捲業務，這是哈佛大學教授克雷頓‧克里斯汀生（Clayton Christensen）所謂「創新者的兩難」（innovator's dilemma）的典型例子。[152] 另一方面，日本的佳能公司（Canon）正確認知到數位照相技術興起，馬上採取行動，並且將策略列為優先要務。

　　第二個例子是諾基亞公司（Nokia），他們比大多數競爭者更早開始發展智慧型手機的技術，但卻決定不啟動這個領域的專案，而是把拓展現有產品列為優先要務。如果諾基亞當年選擇不一樣的優先順序，現在可能還是全球領先的電訊業者。

　　如果主管團隊沒有排序工作，中階管理階層和員工會自行根據他們認為對組織最有利的事情來排序工作。起初，我們可能認為這是好實務，畢竟，自 20 世紀中期起，就有人大力倡導要授權員工做決策，所以每一個組織當然都會應用這種思維。但是，沒有被列為優先的策略目標往往會有慘重的後果。

　　下列的真實例子可以說明沒有對工作進行排序的慘痛後果。薩曼莎是一家地方銀行的客服櫃員，她喜愛這份工作，她父親全部的職業生涯也奉獻給這家銀行。但是，這家銀行跟許多銀行一樣，在低利率、競爭加劇又面臨管制的限制下陷入生存掙扎。主管團隊花費好幾個月苦思能夠幫公司逆轉的新策略，他們找出兩項看起來能夠穩固公司前途的策略性優先要務。

　　在一系列的全體員工會議中，執行長告知薩曼莎與其他所有員工，銀行的新策略是根據兩項策略性優先要務行動：

1. 改善顧客體驗：把顧客滿意度提高 20％。
2. 提高效率：把每天服務的顧客數量增加 20％。

　　執行長傳達的訊息很清楚：只要薩曼莎和其他同事聚焦在達成這兩項策略性優先要務，就能穩固公司的前途和他們的工作飯碗。

　　薩曼莎那麼關心熱愛這家公司，所以聽到執行長說公司的未來命運掌握在她的手中，薩曼莎深受激勵，從此變得更加賣力。她牢記這兩項策略目標，開始盡可能高效率的服務顧客，而且總是面帶微笑。有一天，一位顧客談起最近歷經的傷痛時，顯然是把薩曼莎當成傾訴的對象。一開始，薩曼莎覺得這樣不錯，有助於提高顧客滿意度，但沒過多久之後，她愣住了，心想，那第二項策略目標（提升效率）該怎麼辦？如果她花幾分鐘跟這位顧客交談，她服務的顧客數量就會減少，怎麼辦？她不知道哪一項目標更重要，而且這得由她決定。所有銀行櫃員天天都面臨這個兩難的問題。

　　主管團隊以為他們已經清楚溝通過能幫助銀行逆轉的策略目標，但實際上，他們創造出營運上的兩難。結果，銀行的績效沒有改善，許多熱愛工作、努力執行新策略的員工遭到裁員。

　　清楚溝通優先要務，可以幫助組織內大多數的專案能符合組織的策略，商管思想家經常鼓吹「契合」的重要性，但組織的真實情況遠比許多人想像的更加複雜。有時，策略目標不明確，或是根本不存在；很多時候，公司的策略目標和事業單位或部門的策略目標之間有一道鴻溝，並不一致。

　　組織如果想要正確排出優先要務，必須認知且清楚說明對組織而言最重要的事情是什麼。在我的職業生涯中，我嘗試應用過很多種坊間提供的理論與工具，但沒有一種能兼顧績效與效率，而且並不實用，得花好幾個月收集需要的資訊，而且需要一大組人持續蒐集和更新。

　　我擔任過幾家跨國企業主管，經常遭遇排出優先要務的挑戰，為了解決這個問題，我發展出一套稱為「目的層級」（Hierarchy of Purpose）的架構。董事會、主管團隊與個人都可以使用這個工具來排序，選出最重要的專案。

　　目的層級架構以五個層面為基礎：目的（purpose）、優先要務（priorities）、專案（projects）、人員（people）和績效（performance）。組織必須一個一個考慮每個層面，並確定充分了解上一個層面後，才能考慮下一個層面。

## 目的

　　願景與使命一直是很盛行的概念，但它們往往空有華麗的詞藻，而且是由顧問代為撰寫。這兩個名詞經常被混淆，很少人了解它們的差異性，因此，組織在研擬與訂定策略目標時，很少使用願景與使命。結果，員工並不知道什麼是真正重要的事務。我建議改用「目的」這個詞：說明組織的成立目的，以及支持這項目的的策略願景。組織的目的必須鮮明，而且能讓組織裡所有人員清楚了解；Amazon 的目的是：「成為地球上最以顧客為中心的公司」[153]，這項目的有足夠的說服力，可以在組織內避免任何的不確定性。

## 優先要務

　　從組織列出的優先要務數量可以看出一些端倪。如果主管團隊的風險胃納（risk appetite）很低，他們往往傾向同時推行大量專案，列出大量優先要務，因為他們不想在取得最新技術或開發市場機會上冒險。但是，如果主管團隊勇於冒險，他們則會高度聚焦在少數優先要務，他們知道今天和明天最重要的事情是什麼。釐清現在與未來對組織最重要的優先要務，以 Amazon 為例，

它的目的清楚的把顧客擺在核心位置，因此，每一位
Amazon 員工必須做決策時，清楚知道應該以和顧客有
關的決策優先。

## 專案

　　成功執行的策略方案與專案，能使組織更接近目的
和策略願景。現在很多公司總是同時推行大量專案，這
是因為啟動專案比完成專案更容易，這些公司通常不是
根據策略來決定要不要啟動專案，而是根據組織可以容
納的專案數量，有人力可以執行專案，就啟動專案；如
果沒有人力，那就不考慮。但哪些專案才是組織應該投
資與聚焦的呢？誰會想要冒著錯失大機會的風險？定下
目的和優先要務，高階主管就能辨識應該投資的最佳策
略方案與專案，同時，這也可以幫助他們找出應該停止
或放棄哪些專案。雖然有些理論家建議訂定準則，把排
序與選擇構想的流程自動化，但是我建議不要使用這種
系統性的方法。這些方法主要是為管理階層提供不同的
思考方向與觀點，最終仍然必須仰賴他們運用人類的智
慧來做出決策。

## 人員

　　要排序組織裡的要務是極為困難的事。因為大型組織裡，每一個人對於重要的事各自都有強烈的觀點，也有自己的優先要務清單。這些排序的本質源於個人利益，其中隱藏的個人野心與渴望，比起契合組織策略的想法更強烈。但是，就像薩曼莎的例子那樣，員工才是公司策略的執行者，他們必須處理日常事業活動與專案，天天都要做出許多小決策與取捨。因此，釐清組織的策略性專案與優先要務，有助於確保把每一位員工導向相同的方向。組織必須把最好的人力資源分配給最重要的策略性專案，免除他們的日常例行公事；有一支完全投入的團隊執行專案，還有強大、堅定且積極的發起人維護專案時，專案成功的可能性將明顯提高。

## 績效

　　一般來說，傳統的績效指標並沒有評量優先要務，也很少顯示公司策略的執行進展。專案指標通常也只評估投入面（範疇、成本與時間），而非產出面（效益、影響力與目標），投入面比產出面更容易估算。組織應該列出和組織專案與策略性專案期望成果有關的績效指標，但是切記，少即是多，每一個領域只需一、兩項指標即可。為了讓人們記住績效的評量方式，不要訂定過多的指標，最終的目的是把成果面的少數幾項績效指標植入人們的腦海。最後，管理階層應該要能夠儘快取得正確的資訊，以快速反應市場變化，監督新的優先要務的執行進展。

## 目的層級架構的好處

使用目的層級架構，發展出具備強烈優先要務意識的組織，將更容易建立明顯的競爭優勢，組織也會因此受益。這種組織能夠大幅降低成本，因為他們懂得中止那些沒有達到明確指標又沒有被列入優先要務的活動，他們也知道要減少重複的專案，整併專案活動，減少預算超支的情形。整體而言，對工作要務進行排序能讓最重要的策略性專案成功率提高，促進高階管理團隊同心協力聚焦在策略優先要務，最重要的是，對工作要務進行排序將形成執行心態與文化。

每次教導一家公司的管理高層使用目的層級架構時，總是會看到一個重要的隱藏好處：高層的討論內容轉向很有趣的策略議題，例如，執行長可能問業務總監：「如果我們目前只投資在既有市場，或是法遵專案占據公司 60％的專案容納量，我們要如何達成全球成長的目標呢？我們可以長期保持這樣的狀況嗎？如果調整我們的投資組合，投資更多成長和成本優化的專案，減少法遵方面的投資，會產生什麼結果呢？」

想想組織的目的和優先要務，所有員工是否都根據這些優先要務在工作呢？列為優先的活動是否照顧到整個組織的最佳利益？如果經濟突然轉壞，你的優先要務該如何調整？

## 專案投資組合管理

除了對優先要務進行排序，現在許多組織面臨的最大挑戰之一是，如何在執行日常營運活動的同時，推行數百項專案、計畫與策略方案。

專案投資組合管理的目的是促進組織高層討論策略議題，然後向下推行到其餘的組織階層。一旦主管團隊了解這點以後，投資組合管理就可以深植進入組織與公司文化裡。

過去十年我在一家大型電信公司、一家歐洲大型銀

行，以及一家知名製藥公司擔任投資組合管理單位的主
管，在我推行一套投資組合管理架構後，這些公司全都
在下列領域出現重要的進步：

- 在專案管理領域，藉由停止專案（包括減少重複
  的專案、整併專案、減少預算超支情形等）降低
  約 15% 的成本。
- 提高最重要的策略性專案的成功率。
- 促進高階管理團隊同心協力聚焦在組織的策略優
  先要務和策略性專案。
- 最重要的是，形成執行心態與文化。

我也注意到，很多成功的組織都會在策略管理的循
環週期中使用投資組合管理，例如 Amazon、蘋果、宜
家家居（IKEA）、樂高與西聯匯款公司（Western
Union）都是非常知名的例子。

不過，對於組織的策略目標普遍有個錯誤觀念：組
織裡所有專案都必須符合策略目標。然而，組織的真實
狀況非常複雜，不可能所有專案都符合組織的策略目
標。我認為只要確保至少最重要的專案與計畫完全符合

組織的策略目標就可以了，這大約是前20項專案與計畫。

　　儘管投資組合管理的好處這麼多，多數主管對於投資組合管理還是不太了解，一聽到「投資組合管理」，他們首先會想到財務性質的投資組合管理，像是如何處理股票、股權與其他財務性質的投資，很少主管會認為「投資組合管理」的概念與專案或策略方案有關。

　　其實，專案投資組合管理能提供一套架構，幫助你解決下列疑問：

- 我們組織的策略目標是什麼？
- 我們該如何達成這些策略目標，是透過專案或例行活動？
- 為了公司的長期利益，我們應該投資哪些專案？
- 我們該如何對現在與未來的財務和營運能力進行最好的運用？
- 萬一經濟突然變差，我們可以停止、暫停或延後哪些專案？
- 我們是否有合適的人力資源可以領導這些專案？
- 時機正確嗎？
- 如果專案失敗怎麼辦？我們有其他計畫嗎？能不

能從失敗中學習？

• 我們要從每一項專案中獲取哪些價值與效益？

投資組合管理最重要的層面如下：

• 這是一套有條理的**收集與分析**所有新專案構想的
  方法。公司必須一貫的使用這一套橫跨全公司的
  流程，能讓下一個步驟（比較專案構想）執行起
  來更容易。提出的每一項專案構想必須有清楚的
  理由和目的(專案規劃圖第一個領域，見第五章)。
  如果專案構想涉及高額投資與大量資源投入，就
  應該進行商業驗證，包括財務面分析（成本與效
  益）以及質化研究，例如確認專案符合策略目
  標，以及評估可能造成風險的因素。最重要的策
  略性專案（例如企業購併）的構想通常來自主管
  團隊，其他比較偏向戰術性質的專案構想大多來
  自中階管理者與其他員工。重點是，人人都可以
  貢獻專案構想，但都應該遵循相同的流程。
  還有一項重點必須提醒各位，專案構想不是只有
  事業或研發構想，也包括組織改進、降低成本、

風險管理、法規（國內與國際）、廢棄老舊資產
（軟體、硬體、廠房）等領域。

- 這是一套**排序與挑選**新專案構想的方法。進行中
的專案也必須排序，尤其在進行第一次排序流程
時。挑選流程必須公正且透明，根據訂定的標準
來挑選。先前介紹過的「目的層級架構」是輔助
排序流程的理想架構，此外，還有一些分析與排
序新專案構想的標準，包括淨現值（net present
value)、投資報酬、回收期、策略校準、風險、
複雜度與相互依賴性。

投資組合管理需要交叉檢視，確認透過日常營運
活動或專案，建立一套方法與資源分配，以達成
所有短期或長期的策略目標。很重要的一套挑選
標準是，確保公司有足夠且適當的能力可以執行
這項策略性專案。這可以透過能力檢查
（capability check）來評估。這套流程主要是為管
理階層提供不同的情境分析。儘管很多理論都聲
稱可以把排序與選擇構想的流程自動化，但是最
終仍然必須仰賴管理階層運用人的智慧做出決策。

- 這是一份列出應該執行的策略性專案的**策略路徑**

圖（strategic roadmap）。公司的策略目的與目標
應該清楚的反映在策略路徑圖上，專案清單應該
反映出排序的結果，明確指出最重要的專案。這
些專案需要管理階層最多的關注。

我之前解釋過，組織必須牢記，專案是一種動態
的概念：決定是否啟動專案時使用的初始參數（成
本、效益、期間、範疇），通常會隨著專案的生
命週期發展而改變。這些改變可能影響這項專案
的獲利（可能是因為成本高於預期，或是效益低
於預期），也可能影響其他專案（因為組織整體
的預算與能力有限）。因此，策略路徑圖可能改
變，但列為最優先的專案不應該經常更動。

主管團隊應該徵詢董事會對策略路徑圖的意見及
簽名核可，而且每年至少做一次，再向組織所有
階層溝通與說明。

• 這是一個**治理單位**，例如投資委員會或專案審議
委員會，能決定組織應該投資哪些構想或方案，
也要決定應該停止或延後哪些專案，並且監督專
案的成功執行，才能為公司創造價值。這個委員
會也要定義公司的策略路徑圖，所以它在組織中

的地位以及委員會的成員，對於整個專案投資組
合管理架構的影響非常大，甚至影響到專案成
敗。我建議應該由公司執行長擔任委員會主席，
其餘成員應該來自主管團隊。

這個委員會應該直屬董事會的風險委員會管轄，
透過公司執行長，定期向董事會提供最新訊息與
報告。我強烈建議董事會中應該有一、兩位董事
具備領導大型策略性專案的成功經驗。會在公司
所有部門實行專案投資組合管理架構的組織很
少，這個架構通常只在 IT、研發、供應鏈或技術
部門實行。但是為了成效，委員會應該監督所有
策略性專案，打破穀倉，讓員工以公司一體的心
態更密切的合作。

- **這是一道閘門，為專案生命週期提供資金**，讓主
  管團隊能夠有效監督專案投資組合，控管專案內
  的資金提供。其中包括把專案的生命週期劃分為
  三到五個標準階段，例如可行性評估階段、發起
  階段、規劃階段、執行階段、完成階段，每一個
  階段最後設置一道「閘門」。階段結束時，進行
  專案可行性的評估，通過評估再撥出下一階段的

經費。如果專案沒有按照計畫推進、組織的優先要務改變，或是市場發生明顯的變化，這套閘門系統能讓管理高層有機會調整，或是取消專案，避免浪費更多資源。

- **這是一套監督策略路徑圖執行的方法**，其中包括訂定日期向管理高層與董事會報告策略性專案的進展。這些定期報告也幫助管理階層快速反應市場變化，監督新專案的提案。

- 投資組合管理應該總是與下列兩套橫跨組織的流程有關：組織的**預算週期**，以及**企業風險管理流程**。從投資組合管理角度看待風險管理，最傳統的方式是把所有專案的風險合併加總。但是，如果高階主管團隊無法承受很大的風險，他們往往傾向盡可能同時推行許多專案，以免錯失機會；另一方面，如果高階主管勇於冒險，他們往往聚焦在少數專案。「做正確的專案」的概念，是看待風險管理的另一種方式，也就是把風險管理和投資組合管理相連。我認為，這種概念將會在接下來數十年持續發展。

- 最後，這是一**套獲取綜效與效益的流程**，類似企業購併後在整合階段使用的效益追蹤流程。在公司購併的過程中，綜效通常與整合計畫中特定的里程碑有關，一旦達到附帶綜效（例如關閉一些商店）的里程碑時，就可以計算效益，拿來和計畫相較。策略路徑圖必須包含像這樣「產生綜效」的里程碑，並且附加在報酬上，即使專案已經完成，也別忘記計算綜效。這麼做，管理階層才能確實監督與評估專案投資組合的效益。

實行投資組合管理架構時，應該牢記最重要的層面如下：

- 方法要保持簡單且務實。
- 向主管提出報告時，使用商業與策略詞彙。
- 聚焦在最重要的行動，別試圖涵蓋專案所有層面。
- 把管理架構留在高層，保持流程的簡便，別變得沉重或冗長乏味。
- 制定清楚的指示，確保一貫使用新流程。
- 從一開始就讓所有重要的利害關係人（事業單位、部門）參與。

- 讓對專案有貢獻的所有單位參與時間和成本的界
定與估計。

在專案革命的時代，每一個組織必須在策略流程與
能力建立健全的專案投資組合管理。

## 在專案導向世界中成功的必備技巧

在愈來愈多專案的世界裡，對於優秀專案執行能力
的需求快速增加，只要上 LinkedIn 網站搜尋一下就會發
現，愈來愈多職務說明要求具備優秀的專案管理技巧與
經驗。我先前任職過的其中兩家公司，最大的人才缺口
就是缺少有能力領導整個組織的專案的人才。雖然，我
們可以在生活中靠著直覺和實務來學習一些專案技巧，
許多人因此聲稱自己是適任的專案領導人。然而事實
上，專案領導人必備的核心技巧得特別去學習與訓練。

未來的專案領導人將是指揮家、足球隊教練、有團
隊合作精神的人才，能夠集合各有所長的一群人，組成
一支高效能團隊。專案團隊中每一位參與者都應該有明
確的角色，讓他們感覺到正在為專案的目的提出貢獻，

並且被其他人賞識。我強烈相信，任何人都可以成為一個成功的專案領導人，但這需要專注、投入、決心、自我覺察，以及在失敗時的學習熱情與毅力。接下來，我要介紹在專案導向的世界成功所必須具備的五類重要素養。

## 基本技巧

　　這些技巧是專案規劃圖中的硬實力，大多跟專案是否健全的界定有關。優秀的專案領導人應該使用工具與方法來分析專案的理由與效益，他們應該有能力能和專案的主要貢獻者與夥伴一起界定專案的範疇，例如細節的設計、技術性的解決方案、產品或服務。這個技巧類別中最重要的一項技巧是：把範疇進一步分解成可控管的工作量，辨識互相依賴性，排列工作的優先順序，把工作轉化成一項綜合的專案。人人都能研擬計畫，但很少人能夠研擬周詳明確的計畫，這需要對細節有充分的了解（分析技巧），也需要清楚全貌（策略技巧）。此外，風險辨識與風險管理也是必要技巧。一旦專案開始實行，專案領導人必須建立報告機制，以監督計畫的執行，確保實施必要的品質檢查與測試。當預見專案將延

遲或計畫有所改變時，優秀的專案領導人應該分析後
果，向發起人與指導委員會提出可行的選擇。

### 📁 如何培養這些職能

我的建議是，接受專案與專案執行訓練課程。此
外，也有為期一年的碩士課程，不過必須注意的是，這
些課程的內容側重在增加價值，並不是純粹的傳統專案
管理。最終，你的目標是為知識取得合格認證，全球最
普遍的認證是專案管理學會提供的專案管理師（Project
Management Professional，簡稱 PMP）認證，其他認證
資格包括英國和大英國協國家認可的 PRINCE2 證書*，
或是國際專案管理學會（IPMA）提供的認證，雖然不
是那麼有名，但也是不錯的選項。

### 技術專長

技術方面的專長能讓專案領導人在團隊與專案利害
關係人之間建立信任，也幫助專案領導人對專案的重要

---

\* PRINCE 是 PRoject In Controlled Environment（受控環境下的專
  案）的縮寫，數字 2 代表改版後的第二代專案管理方法。

技術層面有基本的了解，讓專案領導人能夠以技術人員的語言來進行溝通。專案領導人不需要有太專門的技術性技巧，太專門的技術性技巧有可能導致專案領導人成為最終決定者，或是執行大部分的工作。有一定程度的了解、足以對團隊提出質疑，這樣就夠了，例如，如果專案是要推行一套新的績效監測應用程式，那麼，專案領導人應該花點時間去了解這套軟體的一些技術層面。

## 如何培養這些職能

　　我的建議是，保持好奇心與願意學習的虛心。在未知的領域展開專案時，最起碼得花些時間閱讀文章、觀看影片，或是閱讀分析師報告。網路上有很多資訊，一些大規模開放式線上課程（Massive Open Online Courses，簡稱 MOOCs）網站可能有相關的線上培訓。如果你有人脈或管道，可以找專家討教，學習一些關鍵詞彙，了解產業正面臨哪些重大挑戰。接著把你探索與學到的東西整理成一份摘要。儘管你已經花時間學習與了解專案的技術層面，也別害怕承認自己是這個產業或主題的新手，務必強調渴望學習哪些東西，並且感謝那些為你提供資訊的人的耐心，同時別忘記解釋你能為專案帶來的貢獻與價值。

## 環境與（或）商業頭腦

專案領導人必須夠了解執行專案的環境，例如，當專案與增加教育的管道有關，那麼，專案領導人必須對各種教育制度有一定程度的了解，知道哪些教育制度最成功，為什麼？還有哪些教育制度最能滿足這項專案想解決的教育需求？同樣的，在商業性質的專案方面，專案領導人應該對事業與事業目的、策略與策略目標、主要的產品或服務、主要競爭對手，以及事業面臨的重要挑戰有基本的了解，對這些層面的知識愈了解，就能為專案累積可以加分的資產。一定要了解財務層面。為了讓專案獲得支持與成功執行，專案領導人必須在專案的成果與目的，以及事業面臨的挑戰與優先要務之間建立關連性，如此一來，就連管理高層在內的多數利害關係人將會更支持專案與專案領導人。在這個類別中，最重要的能力是，從早期階段就開始確保專案明確聚焦在效益與影響力，在專案導向的世界，創造價值是最重要又最吃香的技巧之一。

## 📁 如何培養這些職能

環境與商業性質的職能和技術性質的職能一樣,需要的技巧都極為廣泛,要擁有處理商業界專案的技巧,最佳的途徑是透過企管碩士課程。企管碩士課程不便宜,而且需要投入相當多時間,但它們涵蓋多數重要的管理層面,對經營事業的重要面向提供堅實廣泛的了解。此外,也有針對特定主題(創新、財務、策略等)的碩士班課程,甚至有線上課程,對專案經理人而言都是很好的選擇。

## 領導技巧

變化速度加快,複雜程度提升,優先要務重疊,目標相互抵觸,側重尋求共識的文化,多世代人才一起工作等,這些因素使得執行專案遠比以往更困難。以前只要有管理技巧大概就夠了,但現在光有管理技巧還不夠,專案經理必須朝向專案領導進化,他們必須提供指導;溝通進展與變革;評量、發展與激勵團隊成員;在沒有職權的狀況下,有效處理跟人相關的課題,激勵他們以矩陣型組織的模式工作;勇於面對挑戰;促進專案發起人與高階領導人的投入;了解不同文化,以及善用文化差異；管理並且說服多方利害關係人，有時，有些利害關係人甚至會反對專案；在組織各單位與部門之間建立橋樑，因為這些單位與部門往往各自為政，還掌握稀有的資源；建立高效能團隊；投入足夠時間發展和教導團隊成員。

此外，現代的專案領導人必須能夠有效的做出決策、有前瞻思考、有紀律，並且以成果為導向。最後，同樣重要的是，專案領導人必須有韌性，能夠從任何困難與變化中快速振作復元，這可能是最重要的專案領導技巧之一。

在越戰中遭到俘虜後倖存的美國海軍中將詹姆斯‧史托克戴爾（Vice Admiral James Stockdale）這樣定義領導力：「領導人的工作分為三個部分：首先，領導人釐清與判斷目前的現實情況；其次，領導人檢視現在，但展望更好的未來；最後，領導人在判斷目前的現實情況並展望更好的未來後，能夠採取行動，領導團隊朝向更好的未來。」[154]

### 📁 如何培養這些職能

領導技巧是最難教導與發展的技巧，有些領導技巧比較容易學習，例如溝通，但是多數領導技巧的學習與培訓需要自我覺察、時間、練習與堅持不懈。為了更加了解這個主題，你可以參考各種領導理論與模式。[155] 要發展領導技巧，最重要的一步是了解你的個人特質、你的長處與弱點，並且接受你不是萬能，先挑選一、兩個想在未來一年內發展的領域。你可以獨自發展這些技巧（自我發展），或是接受專門課程，以及（或是）雇用個人教練。

## 道德與價值觀

　　人們對專案領導人的期望是具有健全的道德與個人價值觀。領導是一種人際關係，因此，成功的領導人必須有能力在道德上影響他人。

　　領導人往往是大家注意的焦點，是團隊成員與組織的模範，在專案導向的世界，對隱瞞與管理失當的容忍度更低，因為專案與專案執行流程往往顯而易見，而且需要快速思考。

　　道德、身為模範的動機，以及研擬行動計畫，這些重要層面對領導與專案的成果有正面的影響。當道德與價值觀被列為優先、並且受到重視時，對領導有正面作用。

## 📁 如何培養這些職能

　　道德沒辦法培養，道德是我們的一部分，不過，你可以建立一套道德規範，作為你與專案的道德準則，提供專案團隊指引。為自己或專案建立道德規範時，你可以參考其他人或別家公司的道德規範，再思考自己的價值觀：我的道德規範有什麼堅定的信仰？我要怎麼對待他人？我希望他人如何對待我？接著和團隊討論你得出的結論，確認他們能不能自在的遵循這些價值觀。一旦大家都同意並確立專案的道德規範後，團隊裡所有成員都應該遵守這套規範，從你做起。在道德領域，沒有什麼比「以身作則」更重要。

　　在專案導向的世界裡，機器人和 AI 將執行大多數例行與行政性質的工作，大部分的專家工作也會大幅轉變，從過度專業化（hyper-specialization）的專才變成通才的工作，從技術性變成協調與引導性的工作，從經理人變成領導人的角色。

　　但不幸的是，現在多數學校與大學並沒有教導這些技巧。接下來，我在這一章的最後，要分享一項共同研究的結果，這項研究檢視現在的商學院有沒有在企管碩士班傳授專案管理。我獲得的發現令人非常憂心，不過，也有一些好消息。我堅定的相信，任何人都可以發展成為成功的專案領導人。

## 專案領導人是未來的執行長

專案管理界普遍認為，專案經理是「專案的執行長」，因為他們得向專案指導委員會（專案的董事會）報告，也必須為策略方案的執行（專案的績效）負責。但是，為何這麼多專案經理沒有真的變成執行長呢？

我認為，專案領導人才是（而且也將是）未來的高階主管與執行長的最佳候選人。畢竟，專案領導人為了專案工作，必須結合理論、現實情況、流程、財務、政治與人性的各種層面，以產生效益與明確的成果。

專案領導人管理的往往是橫跨整家公司（跨事業單位、部門或地區等）的專案，他們得把組織視為一個整體，而不是從特定部門或事業單位的封閉觀點看待事物。他們也接觸決策，而決策是驅動成功的主要因素之一。他們能觀察到如何做出好決策，了解達成那些決策的背後分析，因此當他們加入領導職位時，這些都是寶貴的洞察與經驗。能夠成功管理企業等級的專案，並採取整體的觀點來領導資源的人，當然是晉升「長」字輩管理高層的合適候選人。對於有興趣朝這個方向發展的專案領導人來說，在一個產業或相關產業中歷練多年後，升到管理高層是理所當然的結果。

但是，到目前為止，從專案管理職位拔擢出來的執行長還是非常少，晉升到執行長的管道往往相當有限，不管是從公司內晉升，或是從公司外聘用，[156] 在企業界，多數執行長來自：

- **財務部門**：如果公司的要務是控制成本與（或）降低成本。
- **業務或行銷部門**：如果公司的要務是提高營收、聚焦業務發展。
- **研發或 IT 部門**：如果公司是高度以技術為導向。
- **營運部門**：營運長是負責事業內部層面的人，因此，由營運長接掌執行長理所當然。

但我想問的是：這幾個部門中，哪一個部門提供的歷練比專案領導背景提供的歷練更符合高階主管職務必備的能力？

　我只聽過幾個專案管理師晉升到執行長的例子，其中最著名的是艾倫·穆拉利（見第六章訪談）。艾倫是美國工程師、企業高階主管、前福特汽車公司總裁暨執行長，2014 年 7 月 1 日從福特退休。在經濟衰退的 2000 年代末期，福特汽車陷入困境，艾倫接掌後逐漸走出困境，轉虧為盈，成為唯一不需要政府紓困的美國汽車製造大公司。

　另一個出色的例子是 2005 ～ 2007 年西門子（Siemens）執行長克勞斯·克倫菲爾（Klaus Kleinfeld）。1990 年時，他建立並領導西門子管理顧問事業部（Siemens Management Consulting Group）[157]，親自為西門子工業集團在世界各地的幾個事業單位領導過專案，這樣的經驗讓他非常深入且廣泛的了解西門子各個事業單位，同時，他也屢次證明自己是個優秀的執行者。

　美國國防產業也有類似的例子，諾斯洛普葛魯曼公司（Northrop Grumman）前董事會主席暨執行長肯特·克雷薩（Kent Kresa）在升遷過程中，曾是公司好幾項大型計畫的專案經理。

　在公家機關的情形就大不相同。高階職務多數會被派給政黨領袖,這些領袖通常是公部門的官員,即使大部分職責是執行政策(主要是專案的形式),但他們很少有堅實的專案管理背景。不過,也有一些例外,而這些例外告訴我們,當領導人具備專案執行經驗,他們帶領的國家通常比較有效率、生活水準也比較高。近年有一個很好的例子:現任阿根廷總統毛里西奧・馬克里(Mauricio Macri)是本科出身的土木工程師,在私部門有豐富的大型專案經驗,他的務實方法使頻頻陷入危機的拉丁美洲國家步入坦途。盧安達總統保羅・卡加梅是另一個結合願景與執行技巧的範例。

但是,在領導人多半沒有專案背景的趨勢下,這些少數的傑出人才是例外。我會特別提到他們是因為,當我們思考專案領導人如何有更多機會成為高階主管與組織領導人時,這些人的故事可以提供一些解答。

## 傑出高階主管的技巧與能力

成為高階主管是各階層主管在職業生涯中能夠達成的最大躍進,這樣的轉變為什麼值得注目?當然是因為高階主管的角色相當複雜,要成功應付這些複雜的狀況,必須具備特定的技巧與能力。那麼,總裁與執行長究竟需要哪些一般員工沒有的技巧與能力呢？

　　成功的執行長有能力將股東價值最大化，股東價值通常會以經濟附加價值或其他指標（例如每股盈餘、總獲利或總營收）來衡量，他們也必須實現受聘時公司訂定的其他策略目標。受歡迎、有魅力等條件也能明顯加分，因為情緒智慧（emotional intelligence）也有助於領導。

　　2015 年，有一項調查可以為我們的個人與職涯發展提供許多啟示，這項調查發現，「財星 500 大企業」前任與現任執行長中有超過 70 位出身麥肯錫管理顧問公司，2011 年時，有超過 150 位麥肯錫前顧問執掌年營收超過 10 億美元的公司。[158] 樂高公司正是一個傑出的成功故事，它在 2004 年聘用麥肯錫前顧問約恩・維格・克努史托（Jørgen Vig Knudstorp）擔任執行長，克努史托領導這家傳奇的丹麥公司扭轉頹勢，不僅免於破產，還轉虧為盈，營收與獲利開始節節攀升。[159] 事實上，麥肯錫顧問本質上就是專案領導人：他們的核心業務是為客戶執行專案，但他們也精通技術性專長，有聰明的商業與環境頭腦（他們多數擁有企管碩士學位），這些是成為高階領導人的完美技巧與能力。

　　全球知名的獵人頭公司羅盛諮詢（Russell Reynolds）分析近 4,000 名主管（其中包括超過 130 名執行長）的特質，發現有九項特質是關鍵差異因子，這九項特質又可以區分為三類：[160]

- **前瞻思維**（forward thinking）：有能力規劃未來
- **剛毅無畏**（intrepid）：有能力在複雜艱難的環境中有效維持運作
  - —有謀劃的冒險：對於有謀劃但不輕率的冒險怡然自得
  - —傾向（深思熟慮的）採取行動：傾向執行任務，但不過於衝動
  - —樂觀：積極且樂觀的追求新機會
  - —積極堅定的意志：無畏且堅毅，但又不遲鈍
- **團隊建立**（team building）：有能力透過他人達到成功
  - —善於解讀：願意了解人們的不同觀點，但不會過度分析
  - —適度的熱情：展現認真與熱情的態度，但有所節制

—務實而有包容性：讓其他人參與決策，但自己
也是獨立決策者

—願意相信別人：能自在跟各種人往來，但不會
太輕易信賴對方

檢視羅盛諮詢的研究報告，我們可以看出，採取我
建議的訓練與發展後，就能成為具備所有這九項特質的
專案領導人。因此，在專案導向世界，執行長與總裁將
最可能擁有（或必須發展）豐富的專案執行經驗。

我相信，空有專案管理技巧，並不足以成為優秀的
執行長，專案管理經驗才應該是許多執行長必須具備的
職能。

我最近聽說消費日用品跨國企業寶僑公司（Procter
& Gamble）培育有潛力的儲備人員時，在他們的訓練與
職業生涯發展途徑中安排包含至少一年的專案管理歷練，
這是一個好跡象，顯示企業開始朝向正確的方向前進。

## 提高晉升執行長的機會

專案經理人在職涯中發展的核心技巧將構成執行長
人選的穩固基礎，但是，除了核心技巧，你也應該發展

其他技巧，以增加晉升資格的條件：

- 你必須有**願景**，創造能夠為組織產生源源不絕的營收與成長的事業或策略。
- 你必須以成果為導向，聚焦在達成專案的效益與影響。我之前提過，執行長人選常常是業務部門出身，這個部門也是以成果為導向。此外，成功的業務員往往需要應付潛在客戶的政治環境，以完成交易，這是值得學習的有用技巧。為組織**創造營收**的人，總是更引人注目。
- 承擔專案外的**盈虧責任**。這可以透過取得事業單位（或產品／服務線）的管理經驗來實現。
- 增進**組織智慧**（organizational intelligence）方面的職能。通常，最優秀的專案經理往往不是公司裡最有人緣、最得人心的人，雖然他們有手腕，但也不會為了表示友善或討好他人而危及專案目標或截止日期，他們也不會花太多時間玩內部政治。
- 別忽視**軟性技巧**，包括**魅力**、**政治實力**與**策略遠見**，持續精進補助學科的知識，例如心理學、財

務、業務與行銷。我常說,對於適任成功的執行
長的潛力方面,具有最佳技能組合的是那些擁有
企管碩士學位、又能成功執行專案的人。

• 最後,同樣重要的是,發展**創業技巧**。成功的企
業領導人必須能夠冒險,推動構想,並且激勵他
人。

總而言之,多數專案經理有機會具備成為高階主管
所需要的技巧,剩下的條件是有信心、持續學習、花時
間了解事業。在晉升的路上,多數專案經理要克服的最
大障礙是,必須了解光有企劃與組織技巧不夠,還得擁
抱策略規劃、業務與行銷。想成為執行長,專案經理必
須了解事業或組織的營運方式[161],也就是重要的價值驅
動因子、歷史、產品與服務、市場與競爭,並且有遠
見,眼觀四面,耳聽八方,注意周遭情況與發展。

## 如何培育更優秀的專案領導人 [162]

我在第三章說過,自從有了人類開始,人類就已經
開始執行專案,專案是我們生活中原來就有且不可或缺
的一部分,我們的人生一直都在執行專案。但是,我們

當中很少人學過如何執行專案,然而學過如何執行專案的人,大多是出於個人興趣與動機。雖然沒有任何統計數字可以佐證,我們可以很有把握的說,檢視目前的教育課程內容,沒有學校、大學或商學院教導我們如何定義、規劃與執行專案。

我們很難解釋為什麼整個教育體系出現這麼明顯的缺失,不過,教學方法的改革即將出現,確切的說,這些改變將朝向學習專案與專案管理,並且正面影響未來世代對專案的了解,以及對專案重要性的正確評價。

過去幾年,我廣泛研究的一個領域是主管教育,尤其是企管碩士課程內容,我聚焦在這個領域是為了證明,儘管商學院聲稱在訓練與培育未來的領導人,但卻忘了教導學生如何成功的領導專案。根據《財星》雜誌的調查,任何一年的標準普爾 500 指數(Standard & Poor's 500 Index)中,約 40% 公司的執行長擁有企管碩士學位,這是公司主管最具代表性的學位;此外,還有 25 ~ 30% 的執行長擁有另一個更進階的高等教育學位,例如博士學位或法學學位。[163]

我對主管教育感興趣是我在倫敦商學院攻讀企管碩士學位的時候開始,我發現這個課程並未提供專案管理訓練。我在 2012 年進行第一次研究，獲得的發現令人失望，根據《金融時報》2010 年全球頂尖商學院排名，前 100 名的商學院中，只有兩所商學院的企管碩士學程把專案管理列為必修課：全球排名第 26 的英國克蘭菲爾德管理學院（Cranfield School of Management），以及全球排名第 64 的愛荷華大學提皮商學院（Tippie College of Business）。[164]

2017 年，我和博科尼管理學院（SDA Bocconi School of Management）副教授馬可・山皮特洛（Marco Sampietro）合作進行一項類似的研究[165]，我們發現稍微正面的發展趨勢：2012 年時，全球排名前 100 名的商學院中，只有兩所商學院把專案管理列為必修課；2017 年時，全球排名前 200 名的商學院中，有 14 所商學院把專案管理列為必修課。

專案管理應該成為愈來愈多員工、經理人與主管必備的技巧，但是，許多員工很了解專案管理訓練的需求，主管與主管教育界卻不是很了解發展這些新職能的必要。關於經理人和主管在專案管理中扮演的角色，有一個普遍的錯誤觀念：專案管理可以完全委派給優秀員工，主管與董事只要負責少數工作。

　　未來的經理人、主管與董事要在哪裡學習領導企業所需要的技巧呢？他們當中很多人將在頂尖商學院攻讀企管碩士，事實上，商學院課程特別重要，因為這些課程能培育下一代領導人，善於強化現有的職能。

## 2017 年研究的重要發現

　　**全日制的企管碩士班（full-time MBA）：只有 4% 的頂尖商學院在核心課程中提供專案管理課程。**

　　我們調查的 197 所商學院中，總計提供 379 種企管碩士學程。（其中 60% 的商學院提供超過一種企管碩士課程。）

　　這 379 種企管碩士學程中，有 137 個（36%）納入專案管理課程，這稱得上是令人欣慰的比例。但是，大多數的專案管理課是選修，不是必修科目。由於選修科目是選擇性的，學生可以從大量主題中選擇要修的科目。因此，這種狀況不能保證企管碩士班畢業生是否取得專案管理職能。

　　從這項研究可以看出令人憂心的事實：在 137 種提供專案管理課程的企管碩士班當中，只有 15 個把專案管理列為必修課。這代表 197 所頂尖商學院提供的企管

碩士學程中，只有4％視專案管理為必要職能，因此列
為必修科目。

| 企管碩士學程 | 379 |
|---|---|
| 專案管理（選修） | 122 |
| 專案管理（必修） | 15 |

**高階企管碩士班（Executive MBA, EMBA）：只
有2%的頂尖商學院在核心課程中提供專案管理課程。**

高階企管碩士學程針對的是擁有較長期工作經驗的
人，他們通常已經擔任管理者，只是以在職進修方式學
習。我們檢視這類學程，發現專案管理課程更少。

在248個高階企管碩士（EMBA）學程中，只有29
個（12％）提供專案管理課程，這其中有24個是修選
科目，只有5個是必修科目（2％）。

| 高階企管碩士學程 | 248 |
|---|---|
| 專案管理（選修） | 24 |
| 專案管理（必修） | 5 |

**全球前 10 大商學院：結果仍然令人失望。**

檢視各種排名中最頂尖的前 10 所商學院，結果更糟，在 13 種高階企管碩士（EMBA）學程中，沒有一個提供專案管理課程。

## 比較正向的發展趨勢

雖然，專案管理課程在企管碩士和高階企管碩士學程中的普及率並不高，我們仍然必須考慮近年來的發展。我在 2012 年首次進行研究時，有 25％的商學院在企管碩士學程中提供專案管理課程（包括必修與選修），現在，比例提高到 36％，這是很重要的進展。

如果我們只考慮那些把專案管理列為必修課的企管碩士班，2012 年時，只有兩所頂尖商學院的企管碩士班提供專案管理，現在則增加到了 15 所。

這當然是很正面的消息。僅僅五年間，頂尖商學院提供專案管理課程的數量已經明顯增加，其他科目在近年間可能沒有這麼明顯的增加。

不過，目前的普及率實在讓人不太滿意。每一位企管碩士班畢業生的職業生涯都需要專案管理這項職能，但大多數商學院並不重視專案管理，怎麼會如此荒謬呢？

## 忽視專案管理的五項原因

**第一項解釋**是，專案管理是人人都可以在工作中取得的技巧。大家普遍認為不需要正規的專案管理教育，專案管理這一行雖然古老，但近年才正式成為職業，不值得去學習它的基本原則或工具與方法。這種思維衍生出一種假說：組織在專案方面的執行面相當成功。但是，專案管理學會（PMI）在 2016 年做的研究（見第四章）揭露讓人苦惱的趨勢：愈來愈多投入專案的錢遭到浪費。專案管理學會估計，花在專案上的錢，平均每 10 億美元中有 1.22 億美元因為專案績效不良而遭到浪費。[166]

**第二項解釋**是，企管碩士班學生全都已經具備專案管理的技巧與能力。根據我的教學經驗，我在一些提供專案管理課程的頂尖商學院教導企管碩士班學生專案管理時，只有約 15 ～ 20％的企管碩士班學生具備專案管理的技巧與能力。我過去十年教的企管碩士班學生，絕大多數從未學過成功領導專案需要的技巧與方法，大多數學生曾經在短期的職涯中接觸過專案，其中有些人密集接觸過專案管理環境，但是，那些專案的執行方式遠遠稱不上是最佳實務。高階企管碩士班學生的情形也一樣，甚至更驚人，他們全都在職涯中處理過專案，但只有很少數（約 10％）的人在職涯中接受過專案管理訓練。

　　**第三項解釋**是，許多企管碩士班學生一開始並不認為專案管理是職涯中必備的技巧。從我們的研究調查對象提供的回饋評論可以看出，這是企管碩士班學生普遍抱持的觀念，而且，也有學生縱使修這門課後，仍然沒有改變這種看法。這個誤解究竟源自哪裡？原因可能很多，其中特別明顯的一個原因是：太多人認為專案管理是專案經理的事，但實際上，涉及專案環境的每一個人都必須具有專案管理技巧。這個誤解也可能源於龐大的專案管理知識體系（書籍、文章等），它們幾乎只以專案經理為目標，這也是本書試圖填補的鴻溝。

　　**第四項解釋**是，商學院並未充分意識到經理人和主管在專案中扮演哪些角色與責任。儘管商學院總是鼓吹快速變革的必要，但它們為了因應市場需要的新職能，調整卻很緩慢。我曾經和一些企管碩士班主任交談，我發現，他們也傾向把專案管理歸屬於營運性質的角色，難怪許多專案管理課程教授被劃分給大學與商學院的營運相關系所。專案管理仍然常被視為工程、IT 或技術學科，完全忽略它的管理成分，以及許多專案在組織轉型中扮演的策略角色。專案管理課程的名稱或許可以說明並支持第四項的解釋[167]，大多數課程的名稱是「專案管理」，只有一些課程名稱會讓人聯想到經理人與主管，例如「策略性專案管理」、「專案投資組合管理」、「專案發起」。

**第五項解釋**是，商學院缺乏專案管理方面的能力。有人可能會覺得，這個解釋似乎不太可信，但通常這才是現實情況。事實上，企管碩士班的許多課程適用於正規的職業生涯發展途徑或職務角色（企管碩士班的師資大多是行銷、會計、財務、人資等學科的教授），在許多大學與商學院，專案管理很少會被列為一條職業生涯發展途徑。全球只有少數的專案管理教授，而且許多教導專案管理課程的教授也會教其他學科（或者是以其他學科為主科，專案管理為輔科），因為其他學科能讓他們的職業生涯發展更上一層樓。

## 如何提高專案管理課程的普及率？

視問題根源而定，有幾種方法可以填補專案管理的鴻溝。

**商學院**方面，院長與企管碩士學程主任必須了解，專案管理已經成為全球各地組織最需要的技巧之一，執行專案已經成為他們最優先的策略要務之一，只有透過專案管理，才能成功達到策略要務。因此，讓企管碩士班學生更加了解什麼是專案管理，絕對有必要。

**組織**方面，主管與人資部門已經開始認知到，必須在組織的所有層面善用專案管理能力。有專案經理還不夠，先進的組織已經設立公司專案管理單位，推出專案管理訓練課程，為專案專業人員提供職業生涯的發展途徑，要求具備高潛力的員工必須具有成功的專案經驗。這些是已經存在的事實，而且一般認為，這種趨勢只會持續下去。

**知識**方面，問題比較棘手。事實上，不是所有透過課程、顧問服務、書籍、論文、個案研究分析等傳播專案管理智慧與專業的人，都有能力或條件可以有效瞄準經理人和主管的位置。所以，各組織高層才沒辦法意識到專案管理應該是員工必備的核心職能，而且這項技能對他們的職業生涯也很重要。

**學生**方面，如果他們想成為優秀的領導人，有成功的職涯發展，就應該審慎考慮就讀哪一所商學院。他們應該選擇的是，提供深度專案管理課程的企管碩士或高階企管碩士學程。

# 第九章

# 專案革命宣言

THE PROJECT
REVOLUTION

要實現專案革命，需要什麼條件？

我們知道，專案對我們的社會和全人類很重要，我們也知道，有更好的方法來成功執行專案，以及幫助其他人這樣做。透過本書：

1. 我們認識到，政府透過專案推行政策，國家透過專案得以發展，社會透過專案而進化；我們相信，構想透過是專案來實現，倘若有朝一日，貧窮從地球消失，那一定是透過專案來促成。

2. 我們相信，專案是政府、企業界和個人世界的通用語，從「長」字輩的高階主管，到經營自己的職業生涯發展與關係的人，全都需要使用專案來實現目的與目標。

3. 我們發現一個全新的大顛覆：由於變化加快了這個全新的現實世界，我們生活中有愈來愈多層面由專案驅動，組織中有愈來愈多層面變成專案；因此，專案成為每一個人的工作和私人生活中的要素。

4. 在愈趨自動化和機器人化的世界，我們相信，專案是最以人為本的工作模式。

5. 我們相信，組織的敏捷力可以透過專案來達成，專案打破各自為政的封閉穀倉，減少管理層級，建立高效能團隊。

6. 我們知道，新創事業和組織透過專案而創新、成長、轉型、創造長期價值、達成願景與策略目標；創辦人、創業家與執行長是專案的最高領導人。

7. 我們把人生視為一套專案；學習已經變成專案，職涯也變成一系列的專案。

8. 我們的第一優先要務是把專案執行得更好，降低失敗率，為個人與組織創造更多價值，為我們的整個經濟與社會創造更永續的發展。

9. 我們看到專案與專案管理獲得的關注非常少，長期被商業思想家、管理書籍與商學院忽視；我們相信，過去幾年，這種缺失已經有所改善。

10. 我們認知到，對學生與成人而言，專案型教育是最佳、最持久的學習體驗。

11. 我們希望專案與專案執行能力被視為所有管理與領導職務的必備職能；我們希望專案管理成為每所學校與大學課程的一部分；我們希望每所商學院與每個企管碩士學程都教導專案管理。

12. 我們聲明，專案及專案管理應該被認可為一門
專業。

# 注釋

1. 這些故事結合虛構與非虛構資訊。

2. "How Berlin's Futuristic Airport Became a $6 Billion Embarrassment" (Bloomberg Businessweek), last modified 23 July 2015, https://www.bloomberg.com/news/features/2015-07-23/how-berlin-s-futuristic-airport-became-a-6-billion-embarrassment.

3. Last modified 22 November 2015, http://www.spiegel.de/international/germany/spiegel-investigation-how-the-new-berlin-airport-projectfell-apart-a-868283.html.

4. *Rwanda Reconciliation Barometer* (Republic of Rwanda, 2015), accessed 6 October 2018, http://www.nurc.gov.rw/index.php?id=70&no_cache=1&tx_drblob_pi1 ％ 5BdownloadUid ％ 5 D=55.

5. 總理李光耀自1959～1990年間執政。

6. *Project Management Job Growth and Talent Gap Report 2017–2027* (Project Management Institute, 2017), accessed 1 October 2018, https://www.pmi.org/-/media/pmi/documents/public/pdf/learning/job-growth-report.pdf?sc_lang_temp=en.

7. Google Books Ngram Viewer是一種線上搜尋引擎，根據1500～2008年間每一年的紙本印刷文本，計算某個關鍵字出現的頻率，並且繪製的成圖表。參見 https://books.google.com/ngrams。

8. "The Number of Americans Working for Themselves could Triple by 2020" (Quartz at Work), last modified 21 February 2018, https://

work.qz.com/1211533/the-number-of-americans-working-for-themselvescould-triple-by-2020.

9.  "US Senate Unanimously Approves the Program Management Improvement and Accountability Act" (Project Management Institute), last modified 1 December 2016, https://www.pmi.org/about/press-media/press-releases/senate-program-management-act.

10. "APM Receives Its Royal Charter" (Association for Project Management), last modified 6 January 2017, https://www.apm.org.uk/news/apm-receives-its-royal-charter.

11. "Stan Richards's Unique Management Style" (Inc.), accessed 1 October 2018, https://www.inc.com/magazine/201111/stan-richards-uniquemanagement-style.html.

12. https://www.gpm-ipma.de/know_how/studienergebnisse/makrooekonomische_vermessung_der_projekttaetigkeit_in_deutschland.html

13. Atif Ansar, Bent Flyvbjerg, Alexander Budzier and Daniel Lunn, "Does Infrastructure Investment Lead to Economic Growth or Economic Fragiity? Evidence from China," *Oxford Review of Economic Policy* 32 (2016).

14. Antonio Nieto-Rodriguez, *The Focused Organization: How Concentrating on a Few Key Initiatives Can Dramatically Improve Strategy Execution* (Abingdon: Routledge, 2016).

15. "Organisational Ambidexterity: Understanding an Ambidextrous Organisation Is One Thing, Making It a Reality Is Another" (London Business School), last modified 1 October 2014, https://www.london.edu/faculty-and-research/lbsr/organisational-ambidexterity.

16. "How to Prevent M&A Failure" (Investment Bank), accessed 1 October 2018, https://investmentbank.com/merger-acquisition-failure-2.

17. Antonio Nieto-Rodriguez, *Boosting Business Performance through Programme and Project Management* (white paper, Pricewaterhouse-Coopers, 2004).

18. "Fortune Global 500" (CNN Money), accessed 1 October 2018, http://money.cnn.com/magazines/fortune/global500/2007/snapshots/7694.html.

19. "Fortis Wins Shareholder Backing for ABN Takeover" (Reuters), last modified 6 August 2007, https://www.reuters.com/article/us-abnamro- takeover/update-1-fortis-seeks-shareholder-approval-for-abn-buyidUSL0618878620070806.

20. Antonio Nieto-Rodriguez, *The Focused Organization: How Concentrating on a Few Key Initiatives Can Dramatically Improve Strategy Execution* (Abingdon: Routledge, 2016).

21. See https://www.brightline.org.

22. "Rethinking the Decision Factory" (*Harvard Business Review*), Roger Martin, October 2013, https://hbr.org/2013/10/rethinking-the-decision-factory.

23. 私人談話。

24. "What is Project Management?" (Project Management Institute), accessed 2 October 2018, https://www.pmi.org/about/learn-about-pmi/what-is-project-management.

25. ISO 21500:2012 Guidance on project management.

26. Tim Kasse, *Practical Insight into CMMI* (Norwood, MA: Artech House, 2008).

27. *IPMA Competence Baseline version 3.0* (International Project Management Association, 2006), accessed 4 October 2018, https://www.aipm.com.au/documents/aipm-key-documents/ipma_pm_assessment_competence_baseline.aspx.

28. Nigel Bennett, *Managing Successful Projects with PRINCE2* (Norwich: The Stationery Office, 2017).

29. "Project Management" (Association for Project Management), accessed 4 October 2018, https://www.apm.org.uk/body-of-knowledge/context/governance/project-management.

30. "A Brief History of Project Management" (Project Smart), last modified 2 January 2010, https://www.projectsmart.co.uk/brief-history-of-project-management.php.

31. "Project Management: How Much Is Enough?" (Project Management Institute), last modified February 1999, https://www.pmi.org/learning/library/project-management-much-enough-appropriate-5072.

32. Harold Kerzner, *Project Management: A Systems Approach to Planning, Scheduling, and Controlling* (Hoboken, NJ: Wiley 2009).

33. Mark Kozak-Holland, *The History of Project Management* (Ontario: Multi-Media Publications, 2011).

34. "Megaprojects: The Good, the Bad, and the Better" (McKinsey & Company Capital Projects & Infrastructure), last modified July 2015, https://www.mckinsey.com/ industries/capital-projects-and-infrastructure/our-insights/megaprojects-the-good-the-bad-and-the-better.

35. "The Art of Project Leadership: Delivering the World's Largest Projects" (McKinsey & Company Capital Projects &

Infrastructure), https://www.mckinsey.com/ industries/capital-projects-and-infrastructure/our-insights/the-art-of-project-leadership-delivering-the-worlds-largest-projects.

36. Full research and more details can be found in my book *The Focused Organization: How Concentrating on a Few Key Initiatives Can Dramatically Improve Strategy Execution* (Abingdon: Routledge, 2016).

37. 資料來自英國的中央銀行英格蘭銀行（Bank of England），1900年至2010年的GDP。

38. "$1 Million Wasted Every 20 Seconds by Organizations around the World" (Project Management Institute), last modified 15 February 2018, https://www.pmi.org/about/press-media/ press-releases/2018-pulse-of-the-profession-survey.

39. "UK 'Wastes Billions Every Year' on Failed Agile Projects" (IT Pro), last modified 3 May 2017, http://www.itpro.co.uk/strategy/28581/uk-wastes-billions-every-year-on-failed-agile-projects.

40. "Why Your IT Project May Be Riskier Than You Think" (*Harvard Business Review*), accessed 2 October 2018, https://hbr.org/2011/09/why-your-it-project-may-be-riskier-than-you-think.

41. "The Cost of Bad Project Management" (Gallup), last modified 7 February 2012, https://news.gallup.com/businessjournal/152429/cost-bad-project-management.aspx.

42. "The Cost of Bad Project Management" (Gallup), last modified 7 February 2012, https://news.gallup.com/businessjournal/152429/cost-bad-project-management.aspx.

43. "Delivering Large-Scale IT Projects on Time, on Budget, and on

Value" (McKinsey), accessed 2 October 2018, https://www. mckinsey.com/business-functions/digital-mckinsey/our-insights/ delivering-large-scale-it-projects-on-time-on-budget-and-on-value.

44.  "85 ％ of Big Data Projects Fail, but Your Developers Can Help Yours Succeed" (TechRepublic), last modified 10 November 2017, https:// www.techrepublic.com/article/85-of-big-data-projects-fail-but-yourdevelopers-can-help-yours-succeed.

45.  "Is Spain Squandering Money on Public Infrastructure Projects? Report says yes" (El Pais), last modified 19 June 2018, https:// elpais.com/elpais/2018/06/19/inenglish/1529399004_907742.html.

46.  Atif Ansar, Bent Flyvbjerg, Alexander Budzier and Daniel Lunn, "Does Infrastructure Investment Lead to Economic Growth or Economic Fragility? Evidence from China," *Oxford Review of Economic Policy* 32 (2016).

47.  "Is the $150bn International Space Station the Most Expensive Scientific Flop in History?" (Express), last modified 25 February 2016, https://www.express.co.uk/news/science/647172/Is-the-150bn-International-Space-Station-the-most-expensive-flop-in-history.

48.  "The 40-Year Hangover: How the 1976 Olympics Nearly Broke Montreal" (The Guardian), last modified 6 July 2016, https://www. theguardian.com/cities/2016/ jul/06/40-year-hangover-1976-olympic-games-broke-montreal-canada.

49.  "Russia Blows $51bn on Sochi Winter Olympics as Costs Spiral" (International Business Times), last modified 10 February 2014, https://www.ibtimes.co.uk/ russia-blows-51bn-sochi-winter-olympics-costs-spiral-1435507.

50. "Lessons of Boston's Big Dig" (City Journal), accessed 2 October 2018, https://www.city-journal.org/html/lessons-boston's-bigdig-13049.html.
51. "Vietnam PM Halts $10.6 Billion Steel Plant on Environmental Concern" (Reuters), last modified 16 April 2017, https://www.reuters.com/article/us-hoa-sen-group-environment-idUSKBN17I0HI.
52. "£12bn NHS Computer System Is Scrapped... and It's All YOUR Money that Labour Poured Down the Drain" (Mail Online), last modified 22 September 2011, http://www.dailymail.co.uk/news/article-2040259/NHS-IT-project-failure-Labours-12bn-scheme-scrapped.html.
53. 請見 https://www.telegraph.co.uk/travel/destinations/europe/france/articles/The-Channel-Tunnel-20-fascinating-facts/.
54. "'We Thought It Was Going to Destroy Us' ⋯ Herzog and De Meuron's Hamburg Miracle" (The Guardian), last modified 4 November 2016, https://www.theguardian.com/artanddesign/2016/nov/04/hamburg-elbphilharmonie-herzog-de-meuron-a-cathedral-for-our-time.
55. "Air Force Scraps Massive ERP Project after Racking Up $1b in Costs" (Computer World), last modified 14 November 2012, https://www.computerworld.com/article/2493041/it-careers/air-force-scraps-massive-erp-project-after-racking-up-1b-in-costs.html.
56. "Wall Street Journal Calls Merkel's Energiewende 'A Meltdown' Involving 'Astronomical Costs'" (No Tricks Zone), last modified 19 November 2017, http://notrickszone.com/2017/11/19/wall-street-journal-calls-merkels-energiewende-a-meltdown-involving-

astronomical-costs/#sthash.mWOTwLbO.dpbs.

57. "Healthcare.gov: Government IT Project Failure at Its Finest" (Huffpost), last modified 18 December 2013, https://www. huffingtonpost.com/phil-simon/healthcaregov-government_ b_4125362.html;"Colossal Failed Government Projects and What Happened" (Curiosmatic), last modified 17 May 2017, https:// curiousmatic.com/colossal-failed-government-projects.

58. "Melbourne Desalination Plant Costs Tax-Payers an Eye-Watering $649 Million in Annual Operating Charges" (Mail Online), last modified 20 May 2018, http://www.dailymail.co.uk/news/ article-5749621/Melbourne-desalination-plant-costs-tax-payers-eye-watering-649-million-year-operate.html.

59. "3 Reasons Why Shell Halted Drilling In the Arctic" (National Geographic),last modified 28 September 2015, https://news. nationalgeographic.com/energy/2015/09/150928-3-reasons-shell-halted-drilling-in-the-arctic/

60. "Two Half-Finished Nuclear Reactors Scrapped as Costs Balloon" (Bloomberg), last modified 31 July 2017, https://www.bloomberg. com/news/articles/2017-07-31/ scana-to-cease-construction-of-two-reactors-in-south-carolina.

61. See https://www.kickstarter.com/help/stats?ref=footer.

62. "McKinsey Quarterly Five Fifty: Ultralarge" (McKinsey), accessed 2 October 2018, https://www.mckinsey.com/featured-insights/ performance-transformation/five-fifty-ultralarge.

63. "What are 'Porter's 5 Forces'" (Investopedia), accessed 24 October 2018, https://www.investopedia.com/terms/p/porter.asp

64. "Porter's Value Chain" (IfM), accessed 2 October 2018, https://

www.ifm.eng.cam.ac.uk/research/dstools/value-chain-.

65. "BCG Classics Revisited: The Growth Share Matrix" (BCG), last modified 4 June 2014, https://www.bcg.com/publications/2014/growth-share-matrix-bcg-classics-revisited.aspx.

66. "The 7 Ps of marketing" (Business Queensland), last modified 21 June 2014, https://www.business.qld.gov.au/running-business/marketing-sales/marketing-promotion/marketing-basics/seven-ps-marketing

67. "Leader's View – Thinkers50" (Antonio Nieto-Rodriguez), accessed 2 October 2018, http://antonionietorodriguez.com/leaders-view-thinkers50.

68. See Frank P. Saladis, "Bringing the PMBOKR Guide to Life" (Project Management Institute), last modified 2006, https://www.pmi.org/learning/library/bringing-pmbok-guide-life-practical-8009.

69. 請見 http://agilemanifesto.org.

70. Darrell K. Rigby, Jeff Sutherland and Hirakata Takeuchi, "Embracing Agile" (*Harvard Business Review*), last modified 2016, https://hbr.org/2016/05/embracing-agile.

71. "Concorde Prototypes in Production (1967)" (Aviation Week), last modified 7 May 2015, http://aviationweek.com/quest-speed/concorde-prototypes-production-1967.

72. George T. Doran, "There's a S.M.A.R.T. Way to Write Management's Goals and Objectives," *Management Review* 70 (1981).

73. Jim Collins and Jerry I. Porras, *Built to Last: Successful Habits of Visionary Companies* (New York: HarperBusiness, 1997).

74. Jeroen De Flander, *The Execution Shortcut: Why Some Strategies Take*

*the Hidden Path to Success and Others Never Reach the Finish Line* (The Performance Factory, 2013).

75. 私人談話。

76. 私人談話。

77. "How to Be an Effective Executive Sponsor" (*Harvard Business Review*), last modified 18 May 2015, https://hbr.org/2015/05/how-to-be-an-effective-executive-sponsor.

78. "Understanding Responsibility Assignment Matrix (RACI Matrix)", last modified 2 October 2018, https://project-management.com/understanding-responsibility-assignment-matrix-raci-matrix/.

79. "Top 10 Most Expensive Projects In History of Mankind" (Exploredia), last modified 26 January 2016, https://exploredia.com/top-10-most-expensive-projects-in-history-of-mankind.

80. Brian Merchant, *The One Device: The Secret History of the iPhone* (London: Bantam Press, 2017).

81. ISO 9000, 3.2.10條，品質控管的定義是：「品質管理的一部分，聚焦於符合品質規定。」

82. ISO 9000, 3.2.11條，品質保證的定義是：「品質管理的一部分，聚焦於使人們對品質的符合規定有信心。」

83. 請見https://www.britannica.com/biography/Stanislaw-Ulam, accessed on 24 October 2018.

84. "French Railway Operator SNCF Orders Hundreds of New Trains that are Too Big" (The Guardian), last modified 21 May 2014, https://www.theguardian.com/world/2014/may/21/ french-railway-operator-sncf-orders-trains-too-big.

85. 私人談話。

86. "The secret origin story of the iPhone" (The Verge), Brian

Merchant, last update 13 Jun 2017,https://www.theverge.
com/2017/6/13/15782200/one-device-secret-history-iphone-brian-
merchant-book-excerpt.

87. Brian Merchant, *The One Device: The Secret History of the iPhone*
(London: Bantam Press, 2017).

88. PMBOKR Guide – Sixth Edition (2017), https://www.pmi.org/
pmbok-guide-standards/foundational/pmbok.

89. *Pulse of the Profession* (Project Management Institute, 2016),
accessed 6 October 2018, https://www.pmi.org/learning/thought-
leadership/pulse/pulse-of-the-profession-2016.

90. *Preparing the Introduction of the Euro: A Short Handbook* (European
Commission, 2008), accessed 6 October 2018, http://ec.europa.eu/
economy_finance/publications/pages/publication12436_en.pdf.

91. "Communication Toolkit" (European Commission), accessed 6
October 2018, https://ec.europa.eu/easme/en/communication-
toolkit.

92. "How to Prioritize Your Company's Projects" (*Harvard Business
Review*), last modified 13 December 2016, https://hbr.org/2016/12/
how-to-prioritize-your-companys-projects.

93. "Urbanisation and health in China", Peng Gong, Song Liang,
Elizabeth J Carlton, Qingwu Jiang, Jianyong Wu, Lei Wang, and
Justin V Remais (*The Lancet*. 2012).

94. "Case Study: Iceland's Banking Crisis" (Seven Pillars Institute),
Anh Nguyen, last modified 13 June 2017, https://
sevenpillarsinstitute.org/case-study-icelands-banking-crisis/.

95. "The 10 Year Recovery, and Lessons From Iceland" (Policy
Forum), last modified 15 January 2018, https://www.policyforum.

net/10-year-recovery-lessons-iceland.

96. "Welcome to Iceland, where bad bankers go to prison" (The Sydney Morning Herald),Robinson and Valdimarsson, accessed on 28 October 2018, https://www.smh.com.au/business/banking-and-finance/welcometo-iceland-where-bad-bankers-go-to-prison-20160401-gnvn68.html.

97. "Iceland Pulled off a Miracle Economic Escape" (Business Insider), last modified 29 May 2016, http://uk.businessinsider.com/icelands-economy-miracle-2016-5?r=US&IR=T.

98. "Iceland's programme with the IMF 2008–11", Frierik Mar Baldursson, last accessed in 08 November 2011, https://voxeu.org/article/iceland-s-programme-imf-2008-11.

99. *Rwanda Vision 2020* (Republic of Rwanda Ministry of Finance and Economic Planning, 2000), accessed 2 October 2018, https://repositories. lib.utexas.edu/bitstream/handle/2152/5071/4164. pdf?sequence=1.

100. 請見 http://www.nurc.gov.rw/index.php?id=69.

101. "Background Information on the Justice and Reconciliation Process in Rwanda", United Nations, accessed on 26 October 2018, http://www.un.org/en/preventgenocide/rwanda/about/bgjustice.shtml.

102. *Rwanda Reconciliation Barometer* (Republic of Rwanda, 2015), accessed 6 October 2018, http://www.nurc.gov.rw/index. php?id=70&no_cache=1&tx_drblob_pi1 ％ 5Bdownload Uid％ 5D=55.

103. "Corruption Perceptions Index" (Transparency International), accessed 2 October 2018, https://www.transparency.org/research/cpi/cpi_early/0.

104. "An Evaluation of Rwanda Vision 2020's Achievements" (East Africa Research Papers in Economics and Finance), Pereez Nimusima, Nathan Karuhanga, Dative Mukarutesi, EARP-EF No. 2018:17.

105. "Story of Cities #37: How Radical Ideas Turned Curitiba into Brazil's 'Green Capital'" (The Guardian), last modified 6 May 2016, https://www.theguardian.com/cities/2016/may/06/story-of-cities-37-mayorjaime-lerner-curitiba-brazil-green-capital-global-icon.

106. "The Sustainable Transformation of Curitiba" (Contemporary Urbanism), last modified 6 November 2016, https://theurbanweb.wordpress.com/2016/11/06/sustainable-transformation-of-curitiba.

107. "Jaime Lerner, Mayor of Curitiba" (Jaime Lerner Associated Architects), accessed 2 October 2018, http://jaimelerner.com.br/en/mayor-of-curitiba.

108. "Interview with Jaime Lerner" (Smart Cities Dive), accessed 6 October 2018, https://www.smartcitiesdive.com/ex/sustainablecitiescollective/interview-jaime-lerner/21822.

109. Quoted in "Story of Cities #37: How Radical Ideas Turned Curitiba into Brazil's 'Green Capital'" (The Guardian), last modified 6 May 2016, https://www.theguardian.com/cities/2016/may/06/story-of-cities-37-mayor-jaime-lerner-curitiba-brazil-green-capital-global-icon.

110. "H-Day" (99% Invisible), accessed 2 October 2018, https://99percentinvisible.org/episode/h-day; "Throwback Thursday: Hilarity Ensues as Sweden Starts Driving on the Right Side of the Road" (Wired), accessed 2 October 2018, https://www.wired.

com/2014/02/throwback-thursday-sweden.

111. "Dagen H, the day Sweden switched sides of the road, 1967" (Rare Historical Photos), accessed on 28 October 2018, https://rarehistoricalphotos.com/dagen-h-sweden-1967/.

112. "Dagen H, the day Sweden switched sides of the road, 1967" (Rare Historical Photos), accessed on 28 October 2018, https://rarehistoricalphotos.com/dagen-h-sweden-1967/.

113. "Reflection Paper on the Deepening of the Economic and Monetary Union" (European Commission, 2017), accessed 2 October 2018, https://ec.europa.eu/commission/sites/beta-political/files/reflection-paper-emu_en.pdf.

114. "History of Economic and Monetary Union" (European Parliament), accessed 28 October 2018,http://www.europarl.europa.eu/factsheets/en/sheet/79/history-of-economic-and-monetary-union.

115. "The History of the Euro" (European Commission), accessed 10 December 2018,https://europa.eu/info/about-european-commission/euro/history-euro/history-euro-en.

116. "The Glorious History of the Best Plane Boeing has Ever Built" (Business Insider), last modified 18 June 2018, http://uk.businessinsider.com/boeing-777-history-2017-6?r=US&IR=T.

117. "First Boeing 777 Delivery Goes to United Airlines" (Highbeam Research), last modified 15 May 1995, https://web.archive.org/web/20110820160122/ ; http://www.highbeam.com/doc/1G1-16824929.html.

118. "777 Model Summary" (Boeing), accessed 6 October 2018, http://active.boeing.com/commercial/rders/displaystandardreport.cfm?cbo CurrentModel=777&optReportType=AllModels&cboAllModel=77

7&ViewReportF=View+Report.

119. Quoted by "The Making of Boeing 777" (IBS Center for Management Research), accessed 6 October 2018, http://www. icmrindia.org/casestudies/catalogue/Operations/ The % 20Making% 20of% 20 Boeing% 20777.htm.

120. "Did You Know That the First 'iTunes Phone' Presented by Steve Jobs Was Not an iPhone?" (PhoneArena.com), last modified 8 June 2014, https://www.phonearena.com/news/Did-you-know-that-the-firstiTunes-phone-presented-by-Steve-Jobs-was-not-an-iPhone_id56973.

121. "Apple Spent Over $150 Million To Create The Original iPhone" (Business Insider), accessed 27 October 2018, https://www. businessinsider.com/apple-spent-over-150-million-to-create-the-original-iphone-2013-10?IR=T.

122. 請見 https://www.statista.com/statistics/276306/global-apple-iphone-sales-since-fiscal-year-2007/.

123. "How many iPhones did Apple sell last quarter?", Philip Elmer-De-Witt, accessed 27 October 2018, https://www.ped30. com/2017/04/24/apple-iphone-estimates-q2-2017/.

124. "DFC2014 France: The iPad Pact!" (YouTube), accessed 2 October 2018, https://www.youtube.com/watch?v=RxH-RZ2rLII.

125. "Weslaco ISD's Migrant Department Presents The Arecibo Observatory Project" (YouTube), accessed 2 October 2018, https:// www.youtube.com/watch?v=s2oofmKUwxc.

126. "JCI in Brussels: Setting Young People on the Right Career Path" (The Bulletin), last modified 7 September 2016, https://www. thebulletin.be/jci-brussels-setting-young-people-right-career-path.

127. 本書作者和雷伊・弗朗赫佛的私人談話。

128. 本書作者和安妮達・岡古拉・桑契斯的私人談話。

129. 本書作者和卡洛斯・烏里爾・拉米瑞茲・穆里羅的私人談話。

130. Fabio Luiz Braggio, Projeto 66 (Brazil: Giostri, 2017).

131. 感謝 Dr Mohammad Ichsan (Dipl-Ing, MT, PMP, PMI-SP, MCP) 和 Mr Abi Jabar 分享本節資訊,參見:https://www.crunchbase. com/organization/melintas-cakrawala-indonesia#section-overview。

132. 本節取自:"How Boards Can Create Lasting Value Through Strategic Project Oversight" (NACD), January/February 2018, written with Ludo Van der Heyden, former dean of INSEAD。

133. "Why Kuoni failed (the digital transformation)", Jan Sedlacek, accessed on 28 October 2018, https://jansedlacek.net/kuoni-failed-the-digital-transformation/.

134. 關於這個新現實的探討,請見:Liri Andersson and Ludo Van der Heyden, *Directing Digitalisation: Guidelines for Boards and Executives* (INSEAD Corporate Governance Initiative, 2017).

135. Louis V. Gerstner Jr, *Who Says Elephants Can't Dance?* (New York: Harper Collins, 2002).

136. "Deepwater Horizon oil spill of 2010" (Encyclopaedia Britannica), Richard Pallardy, accessed on 28 October 2018, https://www. britannica.com/event/Deepwater-Horizon-oil-spill-of-2010.

137. 詳情請見:Barry M. Staw and Jerry Ross, "Knowing When to Pull the Plug" (*Harvard Business Review*), last modified March 1987, https://hbr.org/1987/03/knowing-when-to-pull-the-plug。

138. 專案與專案管理文獻通常把雷諾—日產聯盟之類的大型複雜專案稱為「計畫」;而本書中的「專案」一詞涵蓋專案、計畫、策略行動方案。

139. Michel Soto Chalhoub, "A Framework in Strategy and Competition Using Alliances: Application to the Automotive Industry," *International Journal Of Organization Theory And Behavior*, 10 (2007), 151-183.

140. "Discipline" (Dictionary.com), accessed 7 October 2018, https://www.dictionary.com/browse/discipline.

141. Steve Bradt, "Wandering Mind Not a Happy Mind" (Harvard Gazette), last modified 11 November 2010, https://news.harvard.edu/gazette/story/2010/11/wandering-mind-not-a-happy-mind.

142. *Steve Jobs* (Simon & Schuster), Walter Isaacson, October 2011.

143. 本節合撰者：浙江大學管理學院創新與創業副教授馬克・葛里文（Mark Greeven）。

144. Alfred Chandler, *Strategy and Structure: Chapters in the History of the Industrial Enterprise* (Cambridge, MA: MIT Press, 1962).

145. "Porter's Value Chain" (IfM), accessed 2 October 2018, https://www.ifm.eng.cam.ac.uk/research/dstools/value-chain-.

146. 本節內容取材自浙江大學的一項十年期（2007～2017年）研究獲得的洞察，這項研究包含訪談數百位中國的企業家、投資人，以及大型企業的主管，聚焦於中國企業的狀況和機動能力的發展。有關於阿里巴巴、百度、騰訊、小米與樂視集團的數位生態系研究，以及有關於它們的擴展活動的專門資料庫，請見：Mark J. Greeven and Wei Wei, *Business Ecosystems in China: Alibaba and Competing Baidu, Tencent, Xiaomi, LeEco* (London: Routledge, 2017)。有關中國的先驅公司和隱形冠軍的研究，請見：Mark J. Greeven, G. S. Yip and Wei Wei, China's Emerging Innovators: Lessons from Alibaba to Zongmu (MIT Press, forthcoming)。此外，也可以參考下列文獻：Mark

Boncheck and Sangeet Paul Coudary, "Three Elements of a Successful Platform Strategy," *Harvard Business Review*, 92 (2013)；*The Focused Organization: How Concentrating on a Few Key Initiatives Can Dramatically Improve Strategy Execution* (Abingdon: Routledge, 2016)。

147. Mark J. Greeven and Wei Wei, Business Ecosystems in China: Alibaba and Competing Baidu, Tencent, Xiaomi, LeEco (London: Routledge, 2017).

148. Mark Boncheck and Sangeet Paul Coudary, "Three Elements of a Successful Platform Strategy," *Harvard Business Review*, 92 (2013).

149. "Philips and Westchester Medical Center Health Network Announce USD 500 Million, Multi-Year Enterprise Partnership to Transform Patient Care" (Philips), last modified 16 June 2015, https://www.philips.com/a-w/about/news/archive/standard/news/press/2015/20150616- Philips-and-Westchester-Medical-Center-Health-Network-announce-USD-500-million-multi-year-enterprise-partnership-to-transform-patient-care.html.

150. 請見 https://www.statista.com/statistics/339845/company-value-and-equity-funding-of-airbnb/。

151. 本節內容發表於哈佛商業評論部落格："How to Prioritize Your Company's Projects", 13 December 2016, https://hbr.org/2016/12/how-to-prioritize-your-companys- projects。

152. Clayton Christiensen, *The Innovator's Dilemma: When New Technologies Cause Great Firms to Fail* (Boston, MA: *Harvard Business Review* Press, 1997).

153. "Earth's Most Customer-Centric Company" (Amazon Jobs), accessed 7 October 2018, https://www.amazon.jobs/en/working/

working-amazon.

154. "The Principles of Leadership" (Winter), James Bond Stockdale, 1981.

155. See, for example, "Behavioral Theories of Leadership" (Leadership – Central.com), accessed 2 October 2018, https://www.leadershipcentral.com/behavioral-theories.html; "The Fundamentals of Level 5 Leadership" (Lesley University), accessed 2 October 2018, https://lesley.edu/article/the-fundamentals-of-level-5-leadership; and "The Five Messages Leaders Must Manage" (*Harvard Business Review*), accessed 2 October 2018, https://hbr.org/2006/05/ the-five-messages-leaders-must-manage.

156. 例外的情形是當公司在專案導向的世界營運時，也就是說，公司的大部分營收源自專案，員工的大部分時間投入個別專案。在這種情況下，專案經理較可能晉升為執行長。

157. 克勞斯‧克倫菲爾建立並領導西門子管理顧問事業部，這個組織發展並督導西門子公司的振興與事業改善計畫。在他的領導下，西門子管理顧問事業部從一個小型的公司成本中心轉型為非常賺錢且備受推崇的顧問事業，發展出尖端的標竿、專案管理、企業改造與創新管理實務。

158. "The CEO Generator: McKinsey & Company" (New Corner), last modified 21 October 2015, http://www.new-corner.com/the-ceo-generator-mckinsey-company.

159. "Lego CEO Jorgen Vig Knudstorp on Leading through Survival and Growth" (*Harvard Business Review*), last modified January 2009, https://hbr.org/2009/01/lego-ceo-jorgen-vig-knudstorp-on-leadingthrough-survival-and-growth.

160. "Making it to the Top: Nine Attributes that Differentiate CEOs"

(Russell Reynolds Associates), accessed 2 October 2018, http://www.russellreynolds.com/content/ making-it-top-nine-attributes-differentiate-ceos.

161. 經營既有業務（running the business）和改變業務（changing the business）這兩者是有區別的，專案經理的工作通常是改變業務，但事業最重要的層面仍然是經營。專案經理必須了解公司的營運，以及他們管理的專案如何影響組織，才開始有資格被視為有潛力的領導人。我在另一本著作中探討了這個概念，請見：*The Focused Organization: How Concentrating on a Few Key Initiatives Can Dramatically Improve Strategy Execution* (Abingdon: Routledge, 2016)。

162. 本節內容取材自我和博科尼管理學院（SDA Bocconi School of Management）副教授馬可‧山皮特洛（Marco Sampietro）在2107年共同進行的研究，此研究獲得Stefano Cavallazzi及Kannan Swany的大力協助。請見：Antonio Neito-Rodriguez and Marco Sampietro, "Why Business Schools Keep Neglecting Project Management Competencies," *PM World Journal* 6 (2017)。

163. "The MBA Degree and the Astronomical Rise in CEO Pay" (Fortune), last modified 18 December 2014, http://fortune.com/2014/12/18/mba-ceo-pay-connection.

164. "Why Top Business Schools don't Teach Project Management to Their MBAs?" (Antonio Nieto-Rodriguez), accessed 2 October 2018, http://antonionietorodriguez.com/why-top-business-schools-dontteach-project-management-to-their-mbas.

165. Antonio Neito-Rodriguez and Marco Sampietro, "Why Business Schools Keep Neglecting Project Management Competencies," *PM World Journal* 6 (2017).

166. Pulse of the Profession (Project Management Institute, 2016), accessed 6 October 2018, https://www.pmi.org/learning/thought-leadership/pulse/pulse-of-the-profession-2016.

167. 會說「或許可以」是因為在線上無法取得這些課程的授課大綱,因此只能從課程名稱來評估。

# 各界好評推薦

在現今的世界裡，專案是工作中關鍵的要素，因此，了解專案、領導專案、以新架構組合跨領域的團隊、品味新挑戰帶來的新鮮感，已經成為在現代經濟中生存發展的必備能力。尼托—羅德里格茲能教我們怎麼做。

—— 艾美‧艾蒙森（Amy C. Edmondson）

哈佛商學院諾華領導與管理講座教授

在現今恆常變化的世界，以及愈趨興盛的接案經濟（freelance economy）中，專案已經成為執行工作和創造價值的新模式。本書能為已經創業與有志創業的人提供在這樣的新現實中成功的可靠方法。

—— 朵莉‧克拉克（Dorie Clark）

杜克大學福夸商學院（Fuqua School of Business）兼任教授

這本書讓我們確知專案革命已經開始，而且它極具顛覆力。專案是我們做的每件事的一部分，大的、小的、工作的、生活的、地方的、全球的，它們改變我們現在與未來生活的世界，它們的影響是一場改變全世界的革命。安東尼奧指出專案革命巨大顛覆力的五個主要牽連層面：從職業生涯到民主制度，以及它們將如何被這場革命改造。你必須知道這些顛覆將如何改變你的世界，以及你可以如何做好準備。

—— 詹姆斯・史奈德（James R. Snyder）

專案管理學會創辦人、首任會長、前董事會主席

不論是跨國組織或小型企業，我們的工作方式正在改變，如同安東尼奧在本書裡所說，專案已經成為現今執行工作的骨幹，管理得當與成功執行的專案將左右成敗。雖然，專案在本質上是暫時性質的，安東尼奧的思想與架構卻有永久的價值。我已經準備好加入專案革命的行列！

—— 蘭恩・喬爾森・柯恩（Laine Joelson Cohen）

花旗集團（Citigroup）領導力與主管發展處處長暨主管教練

在高度顛覆、同時又必須專注的環境中，這是一本相當具有啟發性的著作。我們需要專案管理來應付大量重要的業務，本書幫助我們了解這項需求，並為如此巨大的挑戰找到務實的解決方法。

——安德列斯・喬勒（Andreas Joehle）

赫曼集團（Hartmann Group）執行長


目的導向、熱情、以價值觀為行事指引的人，將能創造驚人成果。安東尼奧出色的展示如何連結流程和目的，幫助你在現今步調加快的世界中領導人們，創造驚人成果。

——蓋瑞・里奇（Garry Ridge）

WD-40 Company 總裁暨執行長


這是一本傑作！安東尼奧把專案管理轉變成這本清新、啟發思想的著作，引起所有創業者以及像我這樣想在商界成功的女性的共鳴。拜簡單好用的「專案規劃圖」所賜，讓我能夠向許多公司介紹自己的事業以及好處。這本書絕對是我未來多年的指南。

——克拉莉絲・哈拉瓦尼（Clarisse Halawani）

CorpNap 創辦人暨執行長

閱讀這本書，你將會相信，如果專案現在還不是驅動商界與整體經濟的最強大力量，它們也很快就會成為、也應該成為不容小看的力量。尼托—羅德里格茲提供「專案規劃圖」作為直覺、快速行動的工具，幫助改善專案執行效率，使專案經理提升為真正的組織領導人與促成變革的人，並確保專案與核心策略目標保持一致，創造價值。本書促成的優秀專案管理將是有意識而且恆常存在的，不是只有偶爾發生。專案可以成為改變事業的顛覆催化劑，讓你的事業不再只是循著舊規矩營運；專案可以改變世界。

—— 惠妮・強森（Whitney Johnson）

Thinkers50 管理思想家、《打造 A 級團隊》作者

在快速變化的時代，專案將是成功的公司、成功的公部門機構、成功的民間社會組織、甚至成功的個人的主要工作方法，有誰比安東尼奧更有資格告訴我們專案革命將帶來什麼，以及專案革命有哪些含義？這是一本想為他人與自己塑造更好的未來的人的必讀之作。

—— 瓦特・迪法（Walter Deffaa）

前歐盟執委會區域及都市總署長

專案管理是未來技能的無名英雄，本書有綜觀全局的心態、嚴謹的參考資料，以及迷人的風格，啟發我們所有人思考對專案的需要。所有想要創新與跟上未來的領導人和工作者，都需要本書提供的洞察觀點。你有沒有讀過一本完全不想放手的專案管理書籍？歡迎加入專案管理革命的行列。

—— 愛麗莎・柯恩（Alisa Cohen）

主管教練暨思想領袖，《企業》雜誌評選為

「2018 年最優秀的前 100 名領導主題演講人」

安東尼奧這本新書是全球專案經理的必讀之作。在許多產業中，策略變成更實驗導向，為了達到卓越執行，專案將變得愈來愈重要，因此，專案管理需要新方法與心態，這本書能為你引路，而且更重要的是，這本書還能教你怎麼做。

—— 羅賓・史貝克蘭（Robin Speculand）

策略執行先驅、《卓越執行》作者

生活在革命中的人往往幸福得沒有察覺到革命的發生，所幸，安東尼奧已經把他的傑出專長和豐富經驗，精煉成極具說服力的專案革命宣言。專案正在前進，那些能夠領導眾人、透過執行專案把構想化為實現的人，將在塑造社會、政府與產業的未來中扮演重要角色。忽視這本書，後果請自行負責！

——東尼‧歐德里斯科爾（Tony O'Driscoll）

杜克大學福夸商學院適應策略執行方案學術總監

專案觸及我們生活的每一個部分，安東尼奧善於從表面上看似艱巨的議題中分析與萃取重要訊息，他以既有趣又務實的風格把他的分析、研究和多年經驗精煉成每個人都能理解的寶貴教學與精華。

——林賽‧多明哥（Lindsey Domingo）

前安永（Ernst Young）與普華永道合夥人

財經企管 BCB679

# 專案管理革命
The Project Revolution: How to Succeed in a Project Driven World

作者——安東尼奧‧尼托—羅德里格茲
Antonio Nieto-Rodriguez
譯者——李芳齡

總編輯 —— 吳佩穎
書系主編 —— 蘇鵬元
責任編輯 —— 王映茹
封面設計 —— FE 設計 葉馥儀

出版者 —— 遠見天下文化出版股份有限公司
創辦人 —— 高希均、王力行
遠見‧天下文化 事業群榮譽董事長 —— 高希均
遠見‧天下文化 事業群董事長 —— 王力行
天下文化社長 —— 林天來
國際事務開發部兼版權中心總監 —— 潘欣
法律顧問 —— 理律法律事務所陳長文律師
著作權顧問 —— 魏啟翔律師
社址 —— 臺北市 104 松江路 93 巷 1 號
讀者服務專線 —— 02-2662-0012 | 傳真 —— 02-2662-0007；02-2662-0009
電子郵件信箱 —— cwpc@cwgv.com.tw
直接郵撥帳號 —— 1326703-6 號　遠見天下文化出版股份有限公司

電腦排版 —— bear 工作室
製版廠 —— 中原印刷事業有限公司
印刷廠 —— 中原印刷事業有限公司
裝訂廠 —— 中原印刷事業有限公司
登記證 —— 局版台業字第 2517 號
總經銷 —— 大和書報圖書股份有限公司 | 電話 —— 02-8990-2588
出版日期 —— 2019 年 11 月 29 日第一版第一次印行
　　　　　　2023 年 5 月 18 日第一版第四次印行

國家圖書館出版品預行編目（CIP）資料

專案管理革命／安東尼奧‧尼托—羅德里格茲
（Antonio Nieto-Rodriguez）著；李芳齡譯 . -- 第一
版 . -- 臺北市：遠見天下文化，2019.11
328 面；14.8×21 公分 . -- ( 財經企管；BCB679)
譯自：The Project Revolution: How to Succeed in a
Project Driven World

ISBN 978-986-479-854-4（平裝）

1. 專案管理

494　　　　　　　　　　　　　108019411

定價 —— 450 元
ISBN —— 978-986-479-854-4
書號 —— BCB679
天下文化官網 —— bookzone.cwgv.com.tw

天下·文化
BELIEVE IN READING